图像逆问题求解研究

——基于深度神经网络的视角

RESEARCH ON SOLVING IMAGE INVERSE PROBLEM
—FROM THE PERSPECTIVE OF DEEP NEURAL NETWORK

张墨华◎著

U0255180

经济管理出版社
ECONOMY & MANAGEMENT PUBLISHING HOUSE

图书在版编目（CIP）数据

图像逆问题求解研究：基于深度神经网络的视角/张墨华著 . —北京：经济管理出版社，2021.4

ISBN 978 - 7 - 5096 - 7921 - 0

Ⅰ.①图…　Ⅱ.①张…　Ⅲ.①图像处理　Ⅳ.①TP391.413

中国版本图书馆 CIP 数据核字（2021）第 068167 号

组稿编辑：张巧梅
责任编辑：张巧梅　白　毅
责任印制：黄章平
责任校对：王淑卿

出版发行：经济管理出版社
　　　　　（北京市海淀区北蜂窝 8 号中雅大厦 A 座 11 层　100038）
网　　　址：www. E - mp. com. cn
电　　　话：（010）51915602
印　　　刷：北京虎彩文化传播有限公司
经　　　销：新华书店
开　　　本：720mm×1000mm/16
印　　　张：13.75
字　　　数：203 千字
版　　　次：2021 年 5 月第 1 版　　2021 年 5 月第 1 次印刷
书　　　号：ISBN 978 - 7 - 5096 - 7921 - 0
定　　　价：78.00 元

前　言

图像逆问题求解，也称图像反问题或图像复原问题，目的是从退化或损坏图像中复原原始图像。图像逆问题求解技术在医学成像、卫星成像、监控系统、遥感影像等多个领域有着广泛的应用。图像逆问题求解方法通常基于滤波器理论、频谱分析、小波、偏微分方程或随机建模，本书专注于随机建模，将图像建模为符合某些先验分布的随机变量，学习自然图像的统计特征，然后使用先验并利用最大后验估计来重构退化图像。图像先验是求解不适定图像逆问题的关键，早期的图像先验设计主要是考虑图像的物理特征或是局部特性从而进行手工设计。近年来，研究人员的研究重点是从学习的角度去学习图像先验，根据学习的图像统计特征来提升图像逆问题求解性能。

本书依托于河南省科技攻关项目"基于生成式学习模型的图像复原技术研究"（项目编号：202102210371），基于深度神经网络的图像逆问题求解技术，围绕着深度神经网络图像逆问题求解相关理论、特征增强超分辨卷积神经网络、深度生成式图像先验学习模型、对抗编码解码网络的水下图像逆问题求解几个方面开展研究，主要研究成果如下：

（1）针对超分辨卷积神经网络 SRCNN 不具有增强特征层，仅映射低级特征，在处理模糊图像超分辨方面的性能并不理想的问题，本书提出一种新的特征增强超分辨卷积神经网络模型，低层特征和增强特征的连接操作增强了特征提取与表示，从实验结果来看，相比 SRCNN，新模型无论是 PSNR 客观指标还是主观视觉质量都有所提升；通过增加更多的特征增强层，可以创建层次更深、更高效的多层特征增强超分辨卷积神经网络，相比其他优秀的深度学习方法，本书所提出的模型在模糊图像超分辨率求解方面具有更为优秀的性能。

（2）训练良好的深度生成式网络可以学习图像低维流形，针对深度生成式图像先验模型相关理论研究还不完备的问题，本书研究深度生成式模型的可逆求解问题，证明了对于浅层反卷积生成式网络，采用梯度下降可以有效地实现隐编码求解；证明了投影梯度算法在目标函数满足受限强凸/受限强平滑条件下是收敛的；针对当前深度生成式网络尚不能完全学习到丰富且复杂的自然图像分布的问题，本书提出新的扩展生成式网络表示范围的图像逆问题求解算法，同时考虑生成器范围内和范围外图像还原损失项，通过最小化额外的范围误差惩罚项关联范围内和范围外图像，通过调整最终目标项中每个损失项附加的权重来控制误差松弛量，以扩展生成式网络表示能力。本书将所提出的算法应用于压缩感知、图像修复等非盲图像逆问题求解以及盲图像去模糊，相比于传统方法，本书提出的方法复原的图像无论在生动程度，还是保真还原度上都更为出色；所提出的算法可以进一步应用到信号处理和计算机视觉其他逆问题求解上。

（3）针对传统基于模型的水下图像方法中单一先验模型在图像某些区域对介质透射率常常产生不准确估计的问题，本书提出显著性引导多尺度先验融合的水下图像逆问题求解方法，联合强度衰减差异先验和水下暗通道先验估计场景的介质透射率，使得介质透射率估计比传统方法更为准确，在有效去除水下图像偏色的同时，也改善画质的对比度和亮度；针对现有基于模型水下图像逆问题求解方法中存在鲁棒性不足的问题，本书考虑海水类型的多样性，提出一种基于对抗编码解码网络的水下图像逆问题求解模型，实现端到端的水下图像逆问题求解；本书提出的网络训练模型为利用编码器学习与海水类型无关的图像特征，解码器根据这一特征生成清晰水下复原图像，海水类型判别器对编码器输出的隐编码进行分类，编码解码器与判别器通过对抗式方式学习，完成整个网络的训练；本书提出的方法能够将 ℓ_1 范数损失、多尺度结构相似性度量损失及对抗损失相结合，在复原图像时保留更多细节。在多种场景的水下图像集合进行实验，相比传统方法，无论主观视觉感观还是客观度量评估，本书所提出的模型都更有优势。

目　录

第1章 绪论

1.1 研究背景与意义

图像存储了人类一些珍贵的信息，图像信号不仅仅是信号强度的简单二维表示，还可以激发情感、激发新思想并记录历史事件。大量的研究致力于分析和处理图像，广义上称为图像处理。图像处理包括图像识别、图像复原、图像增强、图像编码等。此外，图像处理还应用于视频跟踪、运动估计等领域，本书主要关注图像复原领域。

图像复原问题也被称为图像逆问题求解，旨在从退化或损坏的观测中复原高质量的原始图像，也是许多中级和高级图像处理任务中的预处理的步骤。成像系统因传感器局限或者环境条件的影响，通常会出现噪声、光学或运动模糊等因素，从而使得图像出现退化和失真。对图像逆问题求解技术的研究首先是在 20 世纪五六十年代的太空探索领域流行起来的，由于太空恶劣的环境以及成像技术的局限性造成了图像的退化，而在太空中获取的任何图像对科学家来说都极为宝贵，这推动了图像逆问题求解研究的迅速开展，并很快扩展到其他领域。目前图像逆问题求解方法在磁共振成像、计算机断层成像、正电子发射计算机断层扫描成像和超声成像等医学成像领域应用广泛，通过图像逆问题求解方法提升图像清晰度以适应人眼观测及仪器自动分析，从而改善对于患者的诊断。例如，使用图像逆问题求解方法去除胸部 X 射线和乳腺图中的泊松分布颗粒噪声；提高对肿瘤周围组织显微观测的分辨率，更准确获取肿瘤安全切缘与癌肿原发部位之间关系的定量数据。此外，图像逆问题求解技术也广泛应用于卫星成像、监控系统、遥感影像、军事及刑事侦查等众多领域。

图像逆问题求解是一个不适定问题（Ill‐posed Problem），因为观测误差导致复原的结果可能不连续，即使在退化算子已知情况下，问题仍然是高度不适定并且难以复原原始清晰图像。例如：模糊核通常被视为一种低通滤波器，减少了纹理和边缘的高频信息。因此，建立有效的图像先验模型对这种不适定问题进行正则，对获得稳定解至关重要。

通常情况下，图像先验知识有三个来源：①图像内部本身的信息。包括图像内部的统计信息、自相似性、数据分布信息等。②图像物理特征或几何特性。包括几何结构、能量有界、连续性、稀疏性、局部性等。③从外部同类型图像数据集通过训练得到的图像分布信息。

早期的图像先验设计，主要考虑图像的物理特征或是局部特性进行手工设计。近年来，研究人员将研究重点转向从学习视角去学习图像先验，根据得到的图像统计特征来提升图像逆问题求解性能。

本书依托于河南省科技攻关项目"基于生成式学习模型的图像复原技术研究"，从特征增强超分辨卷积神经网络研究、基于深度生成式网络的全局图像先验模型、面向水下图像逆问题求解的判别式学习模型几个方面开展研究工作。主要工作如下：

（1）针对超分辨卷积神经网络 SRCNN 不具有增强的特征层，仅映射低级特征，在处理模糊图像超分辨方面的性能并不理想的问题，本书提出一种新的特征增强超分辨卷积神经网络模型，该架构通过使用连接操作增强了特征提取与表示，提高了处理模糊图像超分辨任务的性能。

（2）从深度生成式模型图像先验角度，研究基于深度生成式模型求逆的理论保证，并在这一理论基础上，探讨生成式模型先验出现的模型失配问题，提出超越生成器网络表示范围的图像逆问题求解算法，以生成保真且生动的图像复原结果。

（3）从深度判别式学习角度，研究基于对抗编码解码网络的水下图像逆问题求解模型。利用编码器学习与海水类型无关的图像特征，实现端到端的水下图像复原。

1.2 图像逆问题求解技术概述

本节对与本书研究相关的图像逆问题求解技术进行概述。图像逆问题求解过程通常可分为三个步骤：首先创建图像退化模型，其次根据退化模型将复原问题表示为函数或优化问题，最后确定求解的优化算法，如图 1 - 1 所示。

图 1 - 1　图像逆问题求解的三个步骤

常见的图像退化包括模糊、噪声、像素丢失和颜色失真等，尽管一些退化比较复杂，但大多可以使用以下线性退化模型进行建模：

$$y = Ax + n \qquad\qquad (1-1)$$

式（1-1）中，y 表示退化图像，x 表示所期望求解的原始图像，n 表示加性高斯白噪声。A 代表退化算子，例如，通过离散点扩散函数（Point Spread Function，PSF）表示的模糊矩阵。

图像逆问题求解研究建立在图像分析基础上，可以使用不同的数学技术来分析自然图像集合，这些方法包括：

（1）物理方法：基于图像形成的物理理论模型。

（2）流形方法：使用微分几何技术来识别自然图像所在的子空间。

（3）统计方法：对自然图像集合进行统计推断和建模。

上述这些方法之间并没有硬边界，优秀的复原方法有时会显式或隐式包含所有上述方法。近年来主要的研究热点是统计方法，在统计方法中，假设图像是来自某个未知分布独立同分布的样本，然后使用统计方法对自然图像的概率密度建模。为了设计统计图像模型，获得自然图像及其特征的信息是很重要的，例如：通过视觉观察显而易见的一些突出的局部特征，如平坦区域、边缘、纹理、轮廓等。

1.2.1 图像退化模型

1.2.1.1 图像模糊

图像模糊由于像素值的局部平均而导致图像内容的平滑，通常因为相机和成像场景之间的相对运动、镜头散焦或者被拍摄的介质的折射率的变化等因素造成。模糊通常被建模为图像与点扩散函数（Point Spread Function，PSF）的卷积。如果所有图像像素的 PSF 相同，则点扩散函数（也称模糊核）被称为是空间不变的。如果 PSF 在整个图像中发生变化，则模糊核被称为是空间变化的。图1-2给出常见模糊类型的示例。

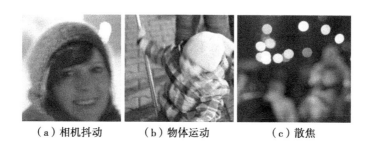

（a）相机抖动　　　（b）物体运动　　　（c）散焦

图1-2　图像模糊类型示例

1.2.1.2　图像噪声

噪声是像素强度的随机波动，噪声的特征在于其频率分布，这在很大程度上取决于噪声源。常见的噪声类型包括高斯噪声、散粒噪声、椒盐噪声以及斑点噪声。

（a）高斯噪声　　　（b）椒盐噪声　　　（c）斑点噪声

图1-3　不同的噪声类型

约翰逊-奈奎斯特（Johnson-Nyquist）噪声是一种电噪声，由导体内电荷载体的热搅动产生，其近似为白色噪声，这意味着它在频率中均匀分布，并且每个像素中的噪声可以假定为独立的，此外可以使用高斯分布对噪声的幅度进行建模，加性高斯白噪声（Additive White Gaussian Noise，AWGN）模型在文献中很常见。在低光摄影中拍摄噪声是不可避免的，散粒噪声可以使用泊松分布建模；椒盐噪声是一种独特的噪声形式，在像素上稀疏分布；斑点噪声通常被建模为具有指数密度函数的乘性噪声，其在合成孔径雷达的相干成像中比较常见。当对模拟图像进行采样和量化以产生数字图像时，会引入舍入和截断误差，从而产生量化噪声。图1-3给出常见噪声图像的视觉示例。

1.2.1.3　图像像素缺失

图像修复是指对图像中出现缺失、损坏的区域进行填充复原的过程。图像修复是一种不适定的逆问题，没有明确定义的唯一解，其目标是使修复后的图像尽可能合理且视觉上令人愉悦。目前主流的图像修复方法都是假设图像的缺失区域的像素与已知区域的像素具有某种相同几何结构或是统计特性。图1-4给出图像修复的示例。

图1-4　图像修复示例

1.2.1.4　水下图像退化

水下图像退化是由于光被水下颗粒物吸收和散射所造成的，常见水下颗粒物包括：微型浮游植物、有色可溶性有机物和非藻类颗粒物等。当光在水下传播时，相机（或摄像机）接收的光主要由三部分组成：直射光、前向散射光（光偏离传播路径）和后向散射光（光被水下颗粒物遮挡并被反射），退化的水下图像通常具有低对比度和亮度、颜色偏差、模糊和不均匀亮斑等现象。图 1-5 给出水下图像示例。水下图像逆问题求解需要研究水下场景的光散射和其他环境因素以提高图像可见度并减轻偏色。

图 1-5 水下图像示例

1.2.1.5 图像质量度量

确定图像质量的过程被称为图像质量评估（Image Quality Assessment，IQA）。通常 IQA 方法包括基于人类的感知评估的主观方法和基于图像质量的计算模型的客观方法。下面介绍本书所用的 PSNR 和 SSIM 两个客观度量方法。

（1）峰值信噪比（Peak Signal-to-Noise Ratio，PSNR）。峰值信噪比通常用于测量有损变换的重建质量。给定真实图像 $\boldsymbol{I}$ 和重构图像 $\widehat{\boldsymbol{I}}$，两者都具有 N 个像素，$\boldsymbol{I}$ 和 $\widehat{\boldsymbol{I}}$ 之间的均方误差（Mean Square Error，MSE）和 PSNR（以 dB 为单位）定义如下：

$$PSNR = 10.\log_{10}(L^2/MSE), MSE = \frac{1}{N}\sum_{i=1}^{N}(\boldsymbol{I}(i) - \widehat{\boldsymbol{I}}(i))^2 \qquad (1-2)$$

式中，当使用 8 位图像表示时 L 等于 255。PSNR 的典型值在 20~40，值越高越好。当 L 固定时，PSNR 与图像之间的像素级 MSE 相关。PSNR 是目前最广泛使用的图像逆问题求解模型评估标准，但由于其仅仅关注相同位置处的像素值之间的差异而不是人类视觉感知，这导致 PSNR 在表现真实场景图像质量方面表现一般。

（2）结构相似性。结构相似性指数度量（Structural Similarity Index Measure，SSIM）考虑到人类视觉系统对结构信息的感知原理，通过计算图像之间的结构相似性来度量复原质量，其基于亮度、对比度和结构三个相对独立部分进行比较。SSIM 常用计算形式如下：

$$SSIM(\boldsymbol{I}, \ \widehat{\boldsymbol{I}}) = \frac{(2\mu_I\mu_{\widehat{I}} + C_1)(2\sigma_{I\widehat{I}} + C_2)}{(\mu_I^2 + \mu_{\widehat{I}}^2 + C_1)(\sigma_I^2 + \sigma_{\widehat{I}}^2 + C_2)} \tag{1-3}$$

式中，μ_I 和 $\mu_{\widehat{I}}$ 表示均值，$\sigma_{I\widehat{I}}$ 表示协方差矩阵，σ_I^2 和 $\sigma_{\widehat{I}}^2$ 表示方差。由于图像统计特征或失真会出现不均匀分布，有学者提出平均结构相似性（Mean Structural Similarity，MSSIM）来用于图像局部评估 SSIM，它将图像分成多个子窗口，评估每个子窗口的 SSIM，最后将它们平均为最终的 MSSIM。由于 SSIM 是从人类视觉系统的角度评估重建质量的，因此它能更好地满足感知评估的要求，目前已经被图像逆问题求解模型广泛使用。

1.2.2　基于正则的图像逆问题求解方法

正则化方法通过引入关于原始图像信息，可以使图像逆问题求解问题更加适定。在 Hadamard 意义上，如果满足以下条件，问题就是适定的：①解存在；②解是唯一的；③解连续依赖于数据。为了满足第一个条件，复原问题必须考虑噪声，例如，等式 $\boldsymbol{y} = \boldsymbol{Ax}$ 不总具有解，因为它没有考虑噪声项 $\boldsymbol{n}$。如果 $\boldsymbol{A}^T\boldsymbol{A}$ 秩不足（即包含零特征值），则违反第二条件，在这种情况下，存在大量可行解，因此需要其他信息辅助才能选择正确的解。由于不连续性会导致许多算法不稳定，因此解必须不断依赖于数据。

（1）Tikhonov – Miller 正则化。Tikhonov – Miller 正则化使用显式正则化项来加入有关原始图像的信息。

$$\min_{x}\|y - Ax\|_{2}^{2} + \lambda\ \|Rx\|_{2}^{2} \tag{1-4}$$

式中，λ 为正则化参数，R 表示正则化矩阵。正则化矩阵 R（也称为 Tikhonov 矩阵）可以是变分算子、加权傅立叶算子或简单的单位矩阵，这取决于所选择的图像模型。正则化参数 λ 控制在保持图像保真度和去除噪声之间的折中。

（2）正则器设计。复原图像的质量取决于正则器对原始图像特征进行建模的准确程度。传统上，正则器使用 ℓ_2 范数和简单的变分算子 R（例如：拉普拉斯算子）来定义。例如通过引入平滑约束惩罚噪声引起的变化。然而自然图像仅是分段平滑的，因此传统的正则器会对锐化的边缘产生不利影响，从而产生过度平滑的图像。总变分（Total Variation，TV）正则，使用非线性惩罚函数来建模原始图像的特征。因此，大多数优秀的复原方法采用以下广义的 Tikhonov – Miller 目标函数：

$$\min_{x}\|y - Ax\|_{2}^{2} + \lambda\,\mathcal{R}\,(x) \tag{1-5}$$

式中，$\mathcal{R}\,(x)$ 表示正则项。下面介绍 $\mathcal{R}$ 的有效选择：TV 正则和稀疏正则。

（3）TV 正则。TV 正则已被用于许多优秀的图像逆问题求解方法中，因为它能够消除噪声而不会对图像边缘的复原产生不利影响。如果图像具有有界变化，则图像内的绝对变化之和将是有限的。TV 正则通过假设图像具有有界变化，来限制复原图像内的变化量。最小化图像内的总变分具有惩罚振荡和噪声的效果，同时仍然允许边缘有不连续性。

（4）基于稀疏性的正则器。许多基于稀疏性的复原方法受到小波、曲波和轮廓波变换研究的启发，通过稀疏正则器对复原图像的变换域系数施加稀疏约束，这通常会降低噪声，并且不会对边缘的复原产生不利影响。对于给定稀疏变换，通常使用 ℓ_1 范数惩罚函数来施加稀疏性约束。研究已经表明基于 TV 和基于小波的图像逆问题求解方法之间存在着密切的联系。

1.2.3　约束图像逆问题求解方法

图像逆问题求解问题也可以表示为具有线性或二次约束的优化问题，同时计算复原图像 x 和正则化参数 λ。

（1）线性约束复原。图像逆问题求解问题可以表示为以下约束优化问题：

$$\min_{x} \mathcal{R}\ (x)\ \text{subject to}\ Ax = y \tag{1-6}$$

式中，$\mathcal{R}$：$\mathbb{R}^l \rightarrow \mathbb{R}$ 表示正则器。式（1-6）的优化问题的解与下式的拉格朗日函数的驻点重合。

$$\mathcal{L}(x,\ \lambda) = \mathcal{R}(x) + \lambda^T (Ax - y) \tag{1-7}$$

式中，$\lambda \in \mathbb{R}^m$ 为拉格朗日乘子（或对偶变量）。式（1-7）通常会有多个驻点，拉格朗日条件为最优性提供了必要和充分的条件。直接将拉格朗日乘子法应用于式（1-6）通常不会产生合适的目标函数，因为约束并没有考虑噪声，可以将式（1-6）表示为以下增广拉格朗日函数形式。

$$\mathcal{L}_{\mu}(x,\ \lambda) = \mathcal{R}(x) + \lambda^T (Ax - g) + \frac{1}{2}\mu \ \|y - Ax\|_2^2 \tag{1-8}$$

式中，μ 为用户定义的正常数。式（1-8）增广拉格朗日方法引入额外的最小二乘惩罚项使其比拉格朗日乘子法更为有效。此外，增广拉格朗日函数可以在更一般的条件下收敛。式（1-8）可以使用对偶下降方法求解，$\mathcal{L}_{\mu}(x,\ \lambda)$ 的最小化可以在更新 x（固定 λ）和更新 λ（固定 x）之间交替进行。因为增广的拉格朗日公式是适定的且易于求解，所以它成为许多图像逆问题求解方法的基础。

（2）使用二次约束进行复原。图像逆问题求解问题也可以使用二次约束来表示：

$$\min_{x} \mathcal{R}(x) \text{ subject to } \|y - Ax\|_2^2 - \xi = 0 \tag{1-9}$$

式（1-9）的拉格朗日方程为：

$$\mathcal{L}(x, \lambda) = \mathcal{R}(x) + \lambda(\|y - Ax\|_2^2 - \xi) \tag{1-10}$$

式中，$\lambda \in \mathbb{R}_+$ 为拉格朗日乘子，式（1-10）与 Tikhonov-Miller 目标函数密切相关，在该公式中，λ 控制保真度项的权重，而不是正则器。与 Tikhonov-Miller 方法不同，复原图像 x 和正则化参数 λ 通过找到满足式（1-9）的拉格朗日条件的解来确定，这个问题是适定的。

1.2.4 贝叶斯图像逆问题求解方法

与前面描述的复原方法相比，贝叶斯图像逆问题求解方法使用概率理论来建模图像逆问题求解问题。

1.2.4.1 贝叶斯定理和观测模型

在已知退化矩阵 $A \in \mathbb{R}^{n \times l}$、退化图像 $y \in \mathbb{R}^n$ 以及超参数 $\lambda \in \mathbb{R}_+$ 和 $\mu \in \mathbb{R}_+$ 的理想情况下，使用后验 $p(x|y, \lambda, \mu)$ 可以确定复原的图像 x。在实际情况中，必须估计超参数 λ 和 μ。为了使用贝叶斯定理完成估计，需要指定 $p(y|x, \lambda)$、$p(\lambda)$、$p(x|\mu)$ 的分布。其中 $p(x|\mu)$ 表示图像先验分布，$p(y|x, \lambda)$ 表示观测模型的概率密度函数。假设先验概率是已知的并且给定观测数据 y，根据贝叶斯定理，联合分布定义为：

$$p(x, y, \lambda, \mu) = p(y|x, \lambda)p(x|\mu)p(\mu) \tag{1-11}$$

在贝叶斯图像逆问题求解中，$p(y|x, \lambda)$ 表示在给定 x 和 λ 的情况下观测 y 的条件概率，该概率分布可以直接从观测模型获得，$p(x|\mu)$ 表示图像先验。

1.2.4.2　图像先验

原始图像的信息通过图像先验体现，其与确定性公式中的正则器具有类似的作用。传统图像先验通常利用变分算子基于图像内的光流进行平滑，下面介绍几种常用的图像先验方法：

（1）拉普拉斯先验。当使用确定性方法设计图像先验时，目标通常是约束复原图像内的一阶或二阶差分。Molina 等提出基于拉普拉斯算子先验用于图像逆问题求解，为了创建更逼真的图像模型并保留边缘，此方法使用自适应局部方差来控制不同区域的平滑。

（2）同步自回归图像先验。可以根据变分算子 R，把 $R^T R$ 作为原始图像的协方差矩阵建模图像先验，由于在实践中难以从单个观测中精确地估计协方差矩阵，因此通常利用基于循环拉普拉斯算子的同步自回归（Simultaneous Auto – Regressive，SAR）模型来减少需要估计的模型参数的数量，为了准确建模图像的局部特征，这类方法通常利用空间相关的先验方差。

（3）广义高斯马尔可夫随机场。广义高斯马尔可夫随机场（Generalized Gaussian Markov Random Field，GGMRF）模型也可用于图像先验设计，GGM-RF 可以定义为团簇（互连像素）的势函数，Babacan 等使用 TV 度量用作 GGMRF 先验的能量函数。这类方法的执行类似于中值滤波器，提供了较真实的边缘建模。

（4）分层模型。Chantas 等提出了一种用于图像逆问题求解的分层先验，该先验首先使用一阶水平、垂直和对角线差分来获取图像的方向结构，然后使用权重参数来缩小包含不连续性的区域中相邻像素的差异。

1.2.4.3　贝叶斯分析

一旦定义了先验，就可以在联合概率 $p(\boldsymbol{x}, \boldsymbol{y}, \lambda, \boldsymbol{\mu})$ 上进行贝叶斯分析。

（1）证据分析。有许多图像逆问题求解方法采用证据分析（Evidence Analysis，EA）框架执行贝叶斯分析。EA 框架首先对 $p(x, y, \lambda, \mu)$ 中 x 积分以得到证据 $p(\lambda, \mu \mid y)$，然后通过证据最大化以确定超参数，最后基于超参数来估计复原图像。

（2）最大后验估计。最大后验估计（Maximum A Posteriori，MAP）框架在图像逆问题求解领域应用也很广泛。该框架通过对 $p(x, y, \lambda, \mu)$ 中超参数 λ 和 μ 积分来估计复原图像 x，或者使用联合 MAP 方法同时估计超参数和复原图像。

1.2.5 求解图像逆问题的优化方法

本节介绍流行的图像逆问题求解优化方法，用于求解以下一般无约束图像逆问题。

$$\min_{x} \mathcal{R}(x) + \lambda \mathcal{G}(x) \tag{1-12}$$

假设正则化参数 $\lambda \in \mathbb{R}_+$ 已知，$\mathcal{R}: \mathbb{R}^n \to \mathbb{R}$ 是一般的凸正则器和 $\mathcal{G}: \mathbb{R}^n \to \mathbb{R}$ 是保真度项。

（1）变量分裂方法。许多正则器是凸的、不可微分的，因此式（1-12）的优化问题不能使用标准平滑优化方法求解，通常可以使用变量分裂方法将原始问题划分为更简单的子问题求解。流行的变量分裂方法包括交替分裂 Bregman 方法（Alternating Split Bregman，ASB）、交替方向乘子法（Alternating Direction Method of Multipliers，ADMM）、半二次分裂方法（Half-Quadratic Splitting，HQS）等。

为了将式（1-12）划分，引入附加变量 $w \in \mathbb{R}^l$ 和约束项 $w = x$，因此目标函数变为：

$$\min_{\{x, w\}} \mathcal{R}(x) + \lambda \mathcal{G}(w) \quad \text{subject to } x = w \tag{1-13}$$

在式（1－13）中，正则化项和数据保真项使用不同的变量来定义，当执行联合优化时，使用单独的子问题来求解每个项。

（2）Bregman 距离优化方法。Bregman 迭代算法是用于基于稀疏正则进行图像逆问题求解的优化算法。基于 Bregman 距离的优化方法在涉及凸的、不可微分项的问题中提供了快速收敛，例如 TV 或 ℓ_1 范数。大多数优化方法在找到最小值 $\boldsymbol{x}_1^*$ 时终止，而基于 Bregman 的方法继续使用 Bregman 距离和 $\boldsymbol{x}_1^*$ 来寻找 $\boldsymbol{x}_2^*$、$\boldsymbol{x}_3^*$……以寻找理想解 $\boldsymbol{x}^0$。

（3）迭代收缩阈值方法。迭代收缩阈值（Iterative Shrinkage Thresholding，IST）算法已成为解决基于稀疏图像逆问题求解的简单而有效的方法。通过应用稀疏变换 $\boldsymbol{R} \in \mathbb{R}^{m \times l}$ 获得图像 $\boldsymbol{x} \in \mathbb{R}^l$ 的稀疏表示 $\boldsymbol{s} \in \mathbb{R}^m$（即 $\boldsymbol{s} = \boldsymbol{Rx}$），$\boldsymbol{R}$ 的常见选择包括小波、曲波和轮廓波变换等。该方法最初采用近端前向－后向迭代方案，现在大多使用主优化算法（Majorization－Minimization，MM）、前向－后向算子分裂（Forward－Backward Operator Splitting，FBOS）来设计 IST 方法。

1.3 图像逆问题求解学习模型研究现状

从自然图像中学习先验以进行图像逆问题求解，通常可分为生成式学习和判别式学习两种模型。本节首先对用于图像先验学习的生成式模型和判别式模型进行对比分析；其次分别对深度生成式模型，以及对基于深度神经网络的判别式模型的研究现状进行分析，根据目前研究中存在的问题，引出本书的研究内容。

1.3.1　图像先验学习的生成式模型及判别式模型

从统计图像中不同元素角度出发，可以将图像先验模型分为三类：基于像素先验模型、基于图像块先验模型和全局图像先验模型。

（1）基于像素先验模型是通过在原始空间域或变换域的像素上计算的先验模型。在原始空间域像素上，典型的先验模型包括泊松分布、Beta 分布。在变换域通常包括导向滤波域的高斯尺度模型（Gaussian Scale Model，GSM）和局部拉普拉斯模型（Local Laplace Model，LLM）、在傅里叶变换域中的指数分布、小波变换中的高斯尺度模型以及梯度域中的拉普拉斯分布等。

（2）基于块的先验模型是在局部图像块上计算的先验模型。基于块的高斯混合模型（Gaussian Mixture Model，GMM）、内部统计块先验模型和外部稀疏先验模型是这类先验模型的典型代表。

（3）全局图像先验从整个图像中获取统计特征。反卷积网络（Deconvolutional Networks）、概率图模型（Probabilistic Graph Model，PGM）、深度生成式网络（Deep Generative Network，DGN）模型等是流行的全局图像先验。

在上述先验模型中，基于像素的模型通常仅包含来自单个像素的信息，会忽略包含在像素及其相邻像素中的上下文信息。全局图像先验模型对图像全局特征进行建模，但通常描述局部图像特征的能力有限，此外建模和应用全局图像先验通常会带来沉重的计算负担。与基于像素的先验模型和全局图像先验模型相比，基于块的先验模型可以获取基于像素的模型所忽略的局部上下文信息，同时比全局图像先验模型更便于建模和应用。但近年来借助于深度网络架构的进化、GPU 运算能力的提升及优化算法的改进、以生成对抗网络（Generative Adversarial Network，GAN）为代表的深度生成式模型的快速发展，给全局图像先验建模提供了新的推动力。

从自然图像中学习先验以进行图像逆问题求解，通常可分为生成式学习和判别式学习两种模型。生成式学习模型旨在学习自然图像的概率模型，而判别式学习试图学习从退化图像到原始图像的直接映射。与传统方法不同的是，这两类方法取决于训练数据的可用性。

生成式模型通常包括 KSVD、卷积稀疏编码（Convolutional Sparse Coding，CSC）、专家场（Fields of Experts，FoE）、块对数似然期望（Expected Patch Log Likelihood，EPLL）、深度生成式模型（Deep Generative Model）等。

KSVD 和 CSC 方法都属于稀疏模型，图像中小图像块通过学习得到的过完备字典 D 的一些原子的线性组合来近似。由于 KSVD 分别对每个图像块进行操作，因此忽略了图像上的块之间的相干性，并且得到的字典 D 通常呈现冗余，为了解决这个问题，CSC 方法中的字典和系数是在整个图像而不是在块上学习的。KSVD 和 CSC 被归类为合成算子方法，另一种是分析算子方法，其中代表性的工作是 FoE 模型，TV 正则器可以被视为 FoE 模型的一个特例，FoE 在所有像素上构建一个条件随机场（Conditional Random Field，CRF），并在 CRF 的簇团上定义先验，每个局部块中的像素完全连接，FoE 虽然提供比梯度先验更大的空间支持，但复杂的场结构使得优化求解比较困难，虽然通常采用近似推断，但速度仍然较慢。EPLL 通过高斯混合模型对图像块进行建模，块先验从图像块数据库学习得到，图像逆问题求解阶段通过 HQS 优化技术在整个图像上应用这样的块先验，随后 1.3.3 节将详细介绍高斯混合块先验模型在图像逆问题求解领域的研究现状。基于深度生成式模型的图像逆问题求解，采用数据驱动的方式学习全局图像先验，可以使用统一框架将学习的全局图像先验应用于多种图像逆问题求解任务，1.3.4 节将详细介绍其研究现状。

生成式模型的共同之处在于它们对图像逆问题求解任务是不可知的，可以应用到多种图像退化问题，并且在图像逆问题求解阶段允许似然和额外先验的模块化方式组合，从而进一步提升复原性能，但这类模型的缺点在于优化过程复杂、计算效率较差。

判别式模型在复原质量和效率之间进行了折中，最近几年变得越来越流行。判别式模型通过定义特定的前馈结构从而在运行阶段具有很高的计算效率，其可训练参数在训练期间针对特定任务进行了优化，训练得到的参数在复原阶段保持固定。代表性方法包括可训练的随机场模型，如回归树场（Regression Tree Fields，RTF）、层叠收缩场（Cascade of Shrinkage Fields，CSF）、训练反应扩散方法（Trained Reaction Diffusion，TRD），以及深度卷积神经网络（Convolutional Neural Network，CNN）、多层感知机（Multi - Layer Perception，MLP）、深度递归神经网络（Recursive Neural Net，RNN）等。判别式模型的缺点在于不易对任务进行推广，并且通常需要针对每个复原任务（去噪、去模糊、修复等）以及每种退化参数（不同噪声级别、模糊核等）进行单独训练。1.3.3 节将详细分析使用深度神经网络判别式模型求解图像逆问题的研究现状。

综上所述，对于图像逆问题求解任务来说，生成式模型和判别式模型各有优势：①判别式模型将计算负担转移到学习阶段，而图像逆问题求解阶段通常由前馈网络表示，因此它具有计算效率的优势。②生成式模型依赖于优化方法，在计算上更为精细，通常图像逆问题求解问题建模越复杂，优化过程的要求就越高。③当涉及将更多领域知识结合到图像逆问题求解问题求解时（例如：原始图像是服从特定分布的随机场样本），生成式模型则更具有优势，因为先验建模步骤本身代表这类方法的一个基本组成部分，但通常很难将这种领域知识结合到神经网络中。

1.3.2　面向图像逆问题求解的深度神经网络判别式学习

与明确定义问题并将领域知识设计到复原任务中的分析方法不同，深度神经网络（Deep Neural Net，DNN）利用大数据集来学习图像逆问题求解的未知解，由于 DNN 能够快速前向推理，因此训练 DNN 以学习从观测图像到复原图像的映射是常用方法。

早期主要基于多层感知机（Multi – Layer Perceptron，MLP）进行图像逆问题求解的研究。Zhang 等提出使用 MLP 在小波域中对图像进行去噪。Burger 等使用 MLP 直接将噪声图像映射到相应的去噪复原结果。为了解决非盲去卷积问题，Schuler 等训练 MLP 去除由反卷积步骤引起的伪像，该方法基于自编码器架构。

近年来，卷积神经网络（Convolutional Neural Network，CNN）在图像逆问题求解领域应用日益广泛，CNN 可以提取输入的统计信息并利用其来求解图像逆问题。使用 CNN 求解图像逆问题有诸多优势。首先，因为卷积核的权重在输入上滑动时是固定的，所以与全连接神经网络相比，通常学习的参数要少得多，参数数量的减少简化了优化问题。其次，在 CNN 中进行的卷积运算在处理图像时为模型提供了有利的属性，例如平移不变性和局部性等。最后，已经证明 CNN 在解决图像分类、分割或检测任务时，特别适合于从图像中学习有用的表示，可以从输入中获取多尺度结构。

当使用神经网络来解决图像逆问题的求解问题时，模型的输出是高维图像，其通常与输入具有相同的维度，因此在设计用于图像逆问题求解的 CNN 时，一种常见的方法是将输出特征映射的尺寸固定为卷积层的输入大小，这可以通过使用适当零填充来实现。Jain 等使用五层 CNN 对高斯噪声图像进行去噪。Eigen 等训练一个三层的 CNN，用于对窗户上覆盖着泥土和雨水的照片进行去噪。为了求解超分辨任务，Dong 等使用三层 CNN，采用插值的低分辨率（Low Resolution，LR）块作为输入，以产生相应的高分辨率（High Resolution，HR）块。Kappeler 等将这种架构扩展到视频 SR 问题，为了在时间 t 估计 HR 块，将来自先前和未来时间的多个运动补偿帧分别输入到 CNN 中，由每个 CNN 产生的各个特征映射，随后由另一个 CNN（用于实现不同深度的融合过程）进行融合，以产生 HR 帧的最终估计。在压缩感知（Compressed Sensing，CS）任务中，Kulkarni 等使用具有六个卷积层的 CNN 来获得输入 CS 度量的中间重建结果，然后使用非深度学习的去噪方法进一步细化结果。

与从浅层网络获得的结果相比，训练更深的网络可以产生更好的质量结果。通过增加网络的深度以增加模型的整体感受域，可以在网络的每一层提供更多的上下文信息，从而可以提高图像逆问题求解任务的性能。之前训练 CNN 的层数超过几层就具有挑战性，主要原因是图像数据库不够大、训练不稳定、计算能力有限，借助庞大的数据集和强大的计算系统以及引入有效的激活函数（例如：ReLU）、参数初始化方法和更有效的架构设计选择（例如：批量标准化 BN），可以为训练更深层次的网络提供可能性。残差块的使用也在训练深度模型方面发挥了重要作用。除了从一层到下一层学习映射函数之外，通过添加从输入到输出的跳跃连接来学习两层或更多层之间的残差，使用残差块的深层 CNN 架构，明显提高了模型的性能和收敛性。Kim 等表明，在深度残差网络中插入跳跃连接明显有助于深度 SR 模型的训练，Sajjadi 等表明添加跳跃连接有助于稳定具有残差块的深度 CNN 的训练，为了解决图像去噪任务，Zhang 等训练 17 层残差 CNN，通过直接估计观测图像中的噪声将清晰的图像与观测图像分离，他们发现与直接估计清晰图像相比，使用这种残差方法去噪会产生更好的重建质量。

除了将特征映射尺寸固定为输入和输出图像的尺寸，也可以选择在每个卷积步骤中将特征映射一直下采样到瓶颈层，然后再将它们逐层上采样至与输入相同的尺寸。下采样操作通过步幅卷积（Strided Convolution）进行，上采样用微步幅度卷积（Fractionally Strided Convolution）进行。网络"压缩"部分学习输入图像的抽象表示，然后由网络的"扩展"部分来产生输出图像，这种建模在图像逆问题求解的概率表达中具有非常直观的证明。因为编码器在每个步骤压缩特征映射的空间信息，所以使用编码－解码架构会导致输出图像中的细节的明显损失，针对此通常可以在网络中下采样卷积层和相应的上采样卷积层之间插入对称跳跃连接，从而保留输入图像的相关细节。具有跳跃连接的编码器－解码器架构通常被称为 U－Net 架构，这种编码器－解码器框架已成功应用于多个图像逆问题求解中。

编码器－解码器 CNN 是通过学习表示先验来构造输出图像，而自编码器（Auto Encoders，AE）是另一种表示学习的神经网络类型，AE 具有一个或多个隐藏层，输入、隐藏和输出层通常是全连接的，但如果需要也可以使用卷积。一些研究工作使用自编码器有效学习相关特征来解决图像逆问题求解的问题，例如，Zeng 等利用自编码器的表示学习能力来学习 LR 和 HR 图像的有用表示；Xie 等利用去噪自编码器的去噪能力，通过堆叠自动编码器架构作为去噪模型；在 CS 工作中，Mousavi 等使用堆叠去噪自编码器来感知和重建信号；Bora 等利用生成式模型提供的自然图像分布先验从高斯度量中恢复图像。

对于输入和输出图像具有相同大小的图像逆问题求解，首先对特征图下采样然后进行上采样似乎没有必要，实际上将这种编码－解码器框架用于图像逆问题求解有许多优点。首先，在编码器网络中减小的特征映射使得网络执行更少的代数运算，提高了推理的效率。其次，由于下采样，网络的有效感受野显著增加。在编码器 – 解码器 CNN 中使用连续卷积增加模型的整体感受野，CNN 中的感受野的概念在解决诸如光流或图像逆问题求解中是至关重要的，因为在输入图像上具有大视野可以显著改善输出图像。最后，从表示学习角度来看，编码 – 解码器 CNN 可以被视为将输入图像映射到更有用的表示，然后解码器使用该表示来重建最终图像。例如，对于图像修复问题，从神经网络能够学习提取关于输入的语义信息，尤其是当输入图像中缺少大区域时，Pathak 等表明他们的编码 – 解码器 CNN 在图像修复任务中可以重建大的缺失区域。

已经有研究者提出将分析优化方法与深度神经网络组合的新方法，通过使用变量分裂技术，如 ADMM 和 HQS 方法，将图像逆问题求解问题分为两个子问题：保真项子问题和正则化子问题，通过交替优化来解决图像逆问题。Zhang 等表明他们的学习得到去噪器可以被合并到优化框架中，求解除图像去噪之外的其他复原问题，例如图像去模糊和图像 SR，该去噪器 CNN 实质上充当了先验项，被应用于基于优化的图像逆问题求解过程。Chang 等提出编码器 – 解码器 CNN 在对抗性环境中进行训练，直接从训练数据集的图像中提取统计信息，并获得先验知识，不依赖于特定的复原问题，训练得到先验知识可以应用于其他图像逆问题求解任务，例如 CS、图像修复和图像 SR 等。

综上所述，面向图像逆问题求解的基于深度判别式模型的研究现状总结如下：

（1）在退化算子未知、退化算子数学上不易精确建模、多个退化算子结合（例如模糊和压缩、模糊和下雨、模糊和雾等）等应用场景中，应用深度神经网络从数据中学习这类信息，在重建的准确性方面优于传统分析模型方法。

（2）深度判别式学习的图像逆问题求解方法，尽管取得了优秀的复原性能，但这类方法总体不易对任务进行推广，需要针对每个复原任务以及每种退化参数进行单独训练，训练成本较高。虽然通过变量分裂算法，将优化方法与深度神经网络进行结合，一定程度提高了模型的可扩展性，但目前方法的复原质量一般。

根据上述分析，本书利用编码器－解码器 CNN 学习表示先验的能力，对退化算子复杂、水型多样的水下图像逆问题求解展开研究。

近几年，强大的深度生成模型成功地近似建模图像分布，已经具备生成逼真图像的能力，目前已经有学者将深度生成式模型作为图像全局先验应用于图像逆问题求解任务求解，在下节笔者将给出这类方法的研究现状及存在的问题。

1.3.3 面向全局图像先验建模的深度生成式模型

深度生成式模型近年来备受关注，部分原因是主流基于深度学习的判别式模型存在缺点，这些缺点包括推广能力较差、对数据分布变化缺乏鲁棒性以及需要大量训练数据。在过去的十年中，已经证明深度神经网络能够从自然图像之类的信号中学习有用的表示信息，有助于帮助人们理解高维信号的结构。虽然生成式模型的应用非常广泛，但本书主要关注其在图像逆问题求解上的应用。

通常深度生成式模型分为两种类型：基于似然的模型和隐式生成式模型。前者包括自回归模型、变分自编码器（Variational Auto Encoder，VAE）、基于流的模型等；后者主要是生成对抗网络。由于图像数据集通常是大型、高维、高度结构化的，需要建立足够强大的模型对其进行建模。基于似然的深度生成式模型的优势在于它们能够明确地表示概率密度，但是其在产生样本质量方面表现不佳，训练效率相对较低。深度玻尔兹曼机是早期的基于似然的深度生成模型，但其通常难以训练。自回归模型被用于直接建模每个图像像素值分布，维度的顺序对于模型的训练至关重要，这类模型的顺序性质极大地限制了其计算效率。PixelRNN 是自回归模型之一，它将图像生成问题转化为像素估计和生成问题，每个像素需要逐个处理，而生成对抗网络 GAN 一次直接处理样本，这使得 GAN 比 PixelRNN 能更快地生成样本。变分自编码器 VAE 是另一种广泛应用的深度生成式模型，包含编码器和解码器两个网络，编码器将图像转换为比原始数据空间小得多的隐空间向量（也称为"编码"），解码器将编码从隐空间转换回原始图像数据空间，由于隐空间容量有限，自编码器能学习数据的有效表示和相应的变换。此外，VAE 也是一种概率图形模型，它可以建模数据的概率分布，然而它的最终概率模型会有一定的偏差，因此通常会产生比 GAN 更模糊的样本，在用于解决图像逆问题求解问题时不如 GAN 受欢迎。生成对抗网络 GAN 无须计算似然，在建模复杂分布的能力方面优于以前的深度生成模型。GAN 的主要问题是不能直接提取先验概率模型并在其他应用中使用，虽然 GAN 不直接学习概率分布，但可以从目标分布中生成样本。

近几年已经有学者开始使用深度生成式模型来解决图像逆问题求解问题，在复原问题中施加深度生成式模型的结构先验，例如：通过 GAN 从大型训练数据集获取图像高维信号的结构，隐式地学习分布，为自然图像结构化信号提供良好的先验。与稀疏性先验相比，深度生成式模型可以提供属于特定自然类的图像或信号流形，允许在低维空间中执行复原算法，目前已经在诸如超分辨率、图像修复、医学成像重建、压缩感知等图像重建问题中应用。Ledig 等提出了一个超分辨生成对抗网络（SRGAN），网络采用具有跳跃连接的深度残差网络（Residual Network，ResNet），采用对抗损失和内容损失组成的感知损失函数，内容损失使用 VGG 网络高层特征映射，通过网络训练实现在四倍放大因子下推理出逼真的自然图像。Yeh 等提出一种语义图像修复方法，利用经过训练的深度生成式模型，在图像隐空间流形中搜索最接近的隐编码，将所求隐编码传递给生成式网络，以推断图像缺失的内容。Anirudh 等提出了一种无监督技术来求解生成对抗网络的逆问题，利用浅层神经网络建模退化算子，采用预训练的生成式模型作为信号先验，通过交替优化算法从一组有限的观测中恢复未知映射和真实数据，并且在盲源分离、图像去模糊中进行应用。

在压缩感知应用中，基于深度生成式模型先验方法已经显示出优于经典的基于稀疏性的方法的特点，其所需度量要少得多，这将极大地有益于磁共振成像和计算机断层扫描等应用，因为这类测量通常非常昂贵。Bora 等使用经过训练的自编码器和生成对抗网络的生成模型完成压缩感知任务，并指出如果生成式模型（$G: \mathbb{R}^k \rightarrow \mathbb{R}^n$）满足 L–Lipschitz 连续，只需 $O(k \log L)$ 的随机高斯度量值就能满足估计误差界线，在相同复原精度情况下，相比传统的稀疏方法，生成式模型的度量数目更少。Bora 等在随后的文献中提出，可以从不完整、噪声观测数据集中训练生成对抗网络，并指出这一方法仍能构建良好的生成模型，并恢复真实的图像分布。Dhar 等提出了额外的约束条件，使得信号与生成式模型的支持集之间的偏差很小，从而提高了模型泛化能力。

在深度生成式网络隐向量求解方面，Antonia 等和 Luke 等都对隐向量进行优化求解来最小化图像空间的距离，但都没有提出推理过程是否能够保真地恢复隐向量。Arora 等提出一种简单的神经网络逐层反演过程，但在没有结构假设情况下，最终压缩层无法直接反转。Bora 等分析了基于压缩感知的生成式模型的统计特性，提出如果度量的数量与隐空间维数呈线性比例以及非凸经验风险目标函数求解为全局最优情况下，可以将信号恢复到网络的噪声级别和表示误差之内，但因为该目标函数是 NP 难的非凸问题，所以尚不清楚优化算法是否可以找到全局最优值。Shah 等提出使用投影梯度下降算法直接在信号空间中求解复原问题，其研究尽管提供相关理论分析，但主要针对线性度量算子的压缩感知问题。

Hand 等考虑多层 ReLU 网络和 ℓ_2 经验风险最小化的线性模型，指出在满足受限特征值条件（Restricted Eigenvalue Condition，REC）下的度量矩阵、ReLU 函数、权重高斯分布等相关条件下，隐空间全局最优解的外部邻域及其负倍数范围外，非凸目标存在下降方向，梯度下降算法基本上收敛于经验风险的全局最小值。但是上述研究并未对这两个邻域内经验风险目标情况、算法的收敛性进行分析，同时对最优解负数倍位置返回值、噪声容忍度问题也没有给出分析和解释，以上每个方面都需要深入的理论分析，例如在全局最小值附近建立非平凡的类凸性。Huang 等在生成式模型每层都具有高斯权重的假设下，证明了对于模型范围内信号的噪声压缩度量，通过梯度下降方法得到的解可以收敛于原始信号，同时样本复杂度相对于生成式先验的输入维数呈线性比例。Lipton 等提出通过一种基于梯度的"随机裁剪"方法来恢复隐向量，"随机剪裁"基于隐向量落在边界值上的概率接近于零的假设，在给定一定残差阈值的情况下，能成功恢复隐向量。此外，Donahue 等和 Dumoulin 等通过学习单独的神经网络编码器来执行反向映射。

受益于经过训练的深度生成式模型能够学习隐含在高维图像样本中的低维流形结构，深度生成式先验在图像逆问题求解工作的应用已经成为近几年研究热点并取得较大的成功，但仍存在以下问题：

（1）与广泛认可的实验结果相比，基于深度生成式模型的图像逆问题求解的理论分析仍然有限。Hand 等针对具有高斯分布权值的全连接生成式网络进行隐空间求解研究，表明在温和的技术条件下，该问题具有有利的全局几何形状，在最优解邻域之外有很高概率没有驻点，然而由于存储器及硬件速度限制，大多数实际生成式模型中生成器是反卷积网络而不是全连接网络，本书对该问题进行了研究，并给出特定反卷积网络下隐空间可逆求解的理论分析和证明。

（2）无论 Bora 的随机梯度算法，还是 Shah 的投影梯度算法，重建图像都是在生成式网络范围内的估计值。对于丰富且复杂的自然图像来说，生成器目前尚无法完整地学习到图像分布。如果生成器表示能力有限，所提供的生成模型与目标远离，则增加再多观测或调整算法参数都是完全无效的，在生成器范围无法完整覆盖待复原图像集合时，复原图像会出现某些伪像、保真度不足的问题。因此在目前生成器表达能力有待进一步突破的情况下，不严格约束复原图像来自生成器范围就显得比较有意义，本书就该方面展开研究，提出扩展深度生成式模型表示范围的图像逆问题求解算法。

1.4　本书的主要研究内容和章节安排

1.4.1　主要研究内容

研究内容 1：基于特征增强超分辨卷积神经网络的图像超分辨研究

问题：图像超分辨是通过以较高的采样率对图像进行重新采样以提高图像分辨率的方法，SR 算法的主要目的是在欠采样的低分辨率（Low - Resolution，LR）图像基础上生成高分辨率 HR 图像。SR 重建不仅是对欠采样的 LR 图像进行上采样以提高图像质量，而且还要滤除诸如噪声和模糊之类的失真。SRCNN 网络已经较好地从 LR 图像中恢复 SR 图像，但是图像中的模糊、噪声程度越高，复原效果越差。注意到在 SRCNN 网络中第一层提取的低级特征仍然是模糊的，这导致 SRCNN 模型在处理模糊图像超分辨方面的性能并不理想。

研究思路：提出一种新的特征增强超分辨卷积神经网络模型 FELSRCNN，该架构通过使用连接操作增强特征提取与表示。为进一步提升性能，对 FELSRCNN 进行扩展，本节提出了多层特征增强超分辨卷积神经网络模型 MFELSRCNN，通过增加卷积层进一步增强了特征提取的能力。相比其他优秀的深度学习方法，本书所提出的模型在模糊图像超分辨率求解方面具有更为优秀的性能。更为重要的是，MFELSRCNN 的参数相比对比模型，模型参数数量更少。

研究内容 2：基于深度生成式先验的图像逆问题求解研究

问题：深度生成式模型在学习复杂和多模态数据分布表示方面取得了重大进展，与广泛认可的实验结果相比，从高维空间到输入隐空间的逆映射理论研究相对较少，目前的方法尚未很好地解释在深度生成式先验范围内搜索解的最佳方法。在基于深度生成式先验的图像逆问题求解中，无论 CSGM 算法，还是投影梯度算法，重建图像都是在生成式网络范围内的估计值，对于丰富且复杂的自然图像来说，生成器目前尚无法完整地学习到图像分布，如果生成器范围无法完整覆盖待复原图像集合时，则复原图像会产生某些伪像、图像还原保真度下降的问题。

研究思路：通过深度生成式网络的可逆求解理论研究，建立基于深度生成式先验模型的图像逆问题求解的理论基础，在对目前图像逆问题求解的 CSGM 算法和投影梯度算法的分析基础上，提出新的扩展生成式网络范围的图像逆问题求解算法。主要研究点如下：

（1）研究反卷积生成式网络的可逆求解理论。以"反卷积 + ReLU"的浅层生成式网络为例，严格证明采用梯度下降可以有效地从网络输出反向推导出输入隐编码，相同的证明技术有望推广到多层网络。通过实验例证，对于其他非线性激活函数和多层结构的生成式网络模型，也可以得出相同的结论。

（2）分析 CSGM 算法及投影梯度算法，并证明在目标函数满足受限强凸/受限强平滑条件下，投影梯度算法是收敛的。

（3）针对当前深度生成式网络在复杂图像表示能力的局限性，提出扩展生成式网络范围的图像逆问题求解算法。增加可扩展生成式范围外的图像优化变量，同时考虑生成器范围内图像还原损失项和范围外图像的还原损失项，生成器范围内图像与范围外图像通过最小化额外的范围误差惩罚项进行关联；通过调整最终目标项中每个损失项附加的权重来控制误差松弛量，以实现扩展生成式网络表示能力；将总变分正则项加入最终损失项，以有效压制噪声，进一步提升图像观感。

（4）将所提出的算法应用于压缩感知、图像修复等非盲图像逆问题求解任务，并扩展所提出的算法至盲图像去模糊任务中；实验中扩展生成式网络相比于传统方法，在复原图像的生动度、保真还原度更为优秀。本节所提出的模型还可以进一步应用于信号处理和计算机视觉中的其他逆问题求解中。

研究内容 3：基于判别式学习的水下图像逆问题求解研究

问题：水下图像由于受到光选择性吸收、散射等因素影响，呈现低对比度、偏色、模糊等特征，水下图像逆问题求解旨在提高不同水下场景图像的视觉质量。一方面在基于模型的水下图像方法中，无论是强度衰减差异先验，还是水下暗通道先验，在图像某些区域中对介质透射率常常产生不准确的估计，从而导致图像对比度常常是不规则分布的。另一方面现有基于模型的方法鲁棒性不足，基于深度学习的水下图像逆问题求解方法，可以实现端到端的训练和复原，提升水下图像逆问题求解效率，但考虑到水下成像中海水类型的多样性、动态水流、颜色偏差和低照度等复杂因素，需要设计更有效的网络结构及更好的损失函数。

研究思路：提出显著性引导的多尺度先验融合的水下图像逆问题求解方法，解决现有模型方法的不足；采用判别式学习思路，提出一种对抗编码解码网络的水下图像逆问题求解模型，实现端到端的水下图像逆问题求解。主要研究点如下：

（1）提出一种基于显著性引导多尺度先验融合的水下图像逆问题求解方法。通过有效的颜色恒定性方法估计全局背景光；通过显著性引导的多尺度融合技术，联合强度衰减差异先验和水下暗通道先验估计场景的介质透射率，结合水下成像的光学特性，计算 RGB 三个颜色通道的介质透射率；用估计的整体背景光和介质透射率，根据水下图像生成模型获得复原的水下图像。

（2）提出一种对抗编码解码网络的水下图像逆问题求解方法，实现端到端的水下图像逆问题求解。利用编码器学习与海水类型无关的图像特征，解码器根据这一特征复原水下图像；海水类型判别器对编码器输出的隐编码进行分类；编码解码器与判别器进行对抗式竞争学习；将 ℓ_1 范数损失、多尺度结构相似性度量损失及对抗损失相结合，在重建图像时能保留更多细节，并较好还原颜色和亮度。

（3）将所提出两种水下图像逆问题求解方法在不同场景（蓝色、绿色、雾等）的水下图像数据集中进行主观视觉和客观度量评估。方法一不仅可以将退化的水下图像逆问题求解为相对真实的颜色和自然外观，而且提高了对比度和可见度；方法二鲁棒性更好，在多种水下场景下都能还原出令人满意的结果，在色彩、清晰度、对比度量化方面，比传统方法更有优势。

1.4.2 章节安排

全书共分为六章，各章节的内容安排如下：

第1章介绍了研究背景及意义，对图像退化模型及图像逆问题求解技术进行概述，重点介绍了目前图像逆问题求解学习模型的研究现状，指出目前研究中存在的问题，引出本书的研究内容。

第2章介绍人工神经网络及深度学习模型的基本理论，重要介绍了图像逆问题的求解模型以及求解图像逆问题的多种深度学习方法，讨论了不同视角组合下的图像重建方法，并对图像逆问题求解的深度学习方法的关键权衡问题以及局限性进行了探讨。

第3章提出特征增强的超分辨神经网络架构，通过使用连接操作增强特征提取与表示能力，通过增加卷积层实现多层特征增强超分辨卷积神经网络，在模糊图像超分辨率求解方面取得了优秀的性能。

第4章对生成式模型的可逆性进行理论分析及证明，提出扩展深度生成式网络范围的图像逆问题求解算法，在生成器模型失配情况下，能取得尽可能保真且生动的复原结果。

第5章提出显著性引导多尺度先验融合的水下图像逆问题求解方法，提出基于对抗编码解码网络的水下图像逆问题求解方法，并在不同水下场景图像数据集下对两个方法进行评估。

第6章对本书的主要成果进行总结，并对未来的工作进行展望。

第 2 章 深度神经网络图像逆问题求解的相关理论

机器学习、人工神经网络和深度学习已经发展为计算机科学和人工智能的热门子领域。在过去的六十多年中，这一领域研究从函数逼近这类简单问题求解发展到在多项任务中击败人类，例如，象棋、围棋、自动驾驶等，目前已广泛应用于科学、工业等多个领域。本章将对深度学习、神经网络、机器学习的数学理论进行总体介绍，并重要介绍图像逆问题的求解模型及求解图像逆问题的多种深度学习方法。

2.1 机器学习任务

考虑简单的回归问题，其中观测值为：

$$(\boldsymbol{x}^{(1)}, \boldsymbol{y}^{(1)}), (\boldsymbol{x}^{(2)}, \boldsymbol{y}^{(2)}), \cdots, (\boldsymbol{x}^{(m)}, \boldsymbol{y}^{(m)}) \in \boldsymbol{X} \times \boldsymbol{Y} \qquad (2-1)$$

例如：$\boldsymbol{X} = \mathbb{R}$、$\boldsymbol{Y} = \mathbb{R}$ 的线性模型、复杂模型、指数模型三种回归模型，如图 2 - 1 所示。

由图 2 - 1 可知，复杂模型几乎可以完美拟合数据，而线性和指数函数则存在一些误差。从统计学习理论角度可知：复杂的解释是由于过度拟合，而过于简单的解释是由于拟合不足。

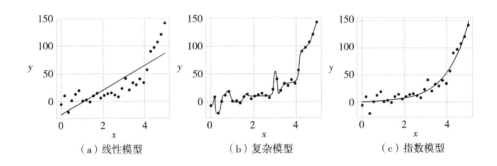

（a）线性模型　　　　　　（b）复杂模型　　　　　　（c）指数模型

图 2 - 1　回归模型示例

统计学习理论为深入研究回归等问题提供了坚实的数学框架。它基于以下假设：数据是从基础分布 $P(x, y)$ 生成的，学习的目标是将风险或期望损失降至最低。训练数据通常从 P 分布采样得到，可以从训练数据中学习推理出函数 f，函数 f 的求解通过最小化下式得到：

$$E(f) = \int_{X \times Y} c[x, y, f(x)] \mathrm{d}P(x, y) \qquad (2-2)$$

式中，c 是损失函数。损失函数可以采用如下的公式：

$$c[x, y, f(x)] = \frac{1}{2} \|f(x) - y\|^2 \qquad (2-3)$$

上述学习任务主要困难在于：由于分布 P 未知，无法对式（2 - 2）评估。通过有限累加的近似积分计算可以简化操作，从而式（2 - 2）的目标函数调整为：

$$E(f) = \frac{1}{m} \sum_{i=1}^{m} c[x^{(i)}, y^{(i)}, f(x^{(i)})] \qquad (2-4)$$

如果函数 f 是从 X 映射到 Y 的任何函数，则可以通过式（2 -4）的最小化进行求解。

$$f(\boldsymbol{x}) = \begin{cases} \boldsymbol{y}^{(i)} & \boldsymbol{x} = \boldsymbol{x}^{(i)} \\ 0 & \text{其他情况} \end{cases} \qquad (2-5)$$

考虑式（2-5）函数，其经验误差为 0。但是它几乎总是会预测为 0 值，这并不能代表什么好的学习结果，f 函数对未知数据的预测效果并不比任何随机预测好。

这就是所谓的"非自由午餐"定理 ｛Ho, 2002#291｝，它表明：如果不对 f 所属的函数类别做任何假设，就没有机会学习到任何东西。

2.2　学习任务的正则化问题

一些研究人员认为从样本中学习的任务等同于从稀疏数据中逼近平滑函数的问题，平滑度确实是限制可能学习到函数类别的一个假设。1990 年，Tomaso Poggio 和 Federico Girosi 在他们的文章 *Networks for Approximation and Learning* 中介绍了 Tikhonov 的学习理论正则化方法。他们考虑在逼近理论的上下文中学习，并基于正则化技术研究逼近理论框架。另一些研究者认为从样本中学习是一个逆问题，如果考虑用于解决逆问题的正则化以及用于从某些样本中学习的函数类别的复杂度（相对于实际误差），则可以观察到类似的行为（见图 2-2）。

图 2-2 中左图给出求解不适定的逆问题时，利用正则化时的数据差异性与真实误差的关系。右图给出用于数学学习函数复杂度与模型训练误差、真实误差的关系。

模型的复杂度充当了正则化参数：复杂度越高，则正则化程度越低。找到合适的复杂度是一个折中问题，这类似于在逆问题中找到合适的正则化参

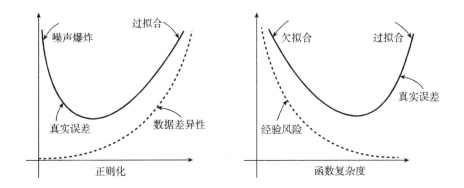

图 2-2　正则化及模型复杂度与学习误差的关系

数 α 作为折中。在经典框架中，随着支持向量机（Support Vector Machines，SVM）的发展，此类函数利用核技巧的现象产生，核技巧在 20 世纪 90 年代非常流行。对于经典的回归问题，其数据如式（2-1）所示，其目的是能够泛化到未知的数据点。为了能够使用已有数据，其中一种可行的方法是定义 X 中元素之间相似性度量 $k: X \times X \to \mathbb{R}$，从而可以基于训练数据中相似点的值，提出给新的数据点 x 数值。

相似性度量会隐式创建一个映射 Φ，该映射为每个 $x \in X$ 元素分配一个函数 $\Phi(x) := k(., x) \in \{f: X \to \mathbb{R}\}$，该函数度量当前元素与 X 中任何其他元素的相似性。Φ 集合是所有 $f: X \to \mathbb{R}$ 函数空间的子集，其包含在式（2-6）所示的线性组合向量空间中。

$$f(.) = \sum_{i=1}^{m} \alpha_i k(., x^{(i)}) \qquad (2-6)$$

式中，$m \in \mathbb{N}$、$\alpha_i \in \mathbb{R}$、$x^{(1)}, \cdots, x^{(m)} \in X$。式（2-6）定义的空间可以转换为希尔伯特空间（Hilbert Space），其内积满足 $\forall x, x': <\Phi(x), \Phi(x')> = k(x, x')$，以这种方式创建的空间类别属于再生核希尔伯特类别。

再生核希尔伯特空间（Reproducing Kernel Hilbert Spaces，RKHS）表示

具有特定属性的希尔伯特空间，事实证明这对学习理论非常有帮助。

定义 2.1　如果存在核函数 k: $X \times X \rightarrow \mathbb{R}$ 满足下列条件，则函数 f: $X \rightarrow \mathbb{R}$ 的希尔伯特空间 H 是一个再生核希尔伯特空间：

$$\forall \boldsymbol{x} \in X: \Phi(\boldsymbol{x}) = k(. , \boldsymbol{x}) \in H$$

$$\forall f \in H, \ \forall \boldsymbol{x} \in X: f(\boldsymbol{x}) = <f, \Phi(\boldsymbol{x}) >H$$

再生核希尔伯特空间的主要特性之一是评估函数的连续性。如果 H 是 X 上的 RKHS，则对于每个 $\boldsymbol{x} \in X$，线性函数 $\mathcal{F}_x$: $H \rightarrow \mathbb{R}$ 是有界的。

$$\mathcal{F}_x(f) = f(\boldsymbol{x}) \tag{2-7}$$

实际上，这是 H 成为 RKHS 的必要充分条件。

定理 2.1　当且仅当对于 $\forall \boldsymbol{x} \in X$，线性评估函数 $\mathcal{F}_x(f) = f(\boldsymbol{x})$ 有界，则函数 f: $X \rightarrow \mathbb{R}$ 的希尔伯特空间 H 是 RKHS。

证明：

（1）如果对于所有的 $\boldsymbol{x} \in X$，H 是 RKHS，则有：

$$\forall f \in H: \mathcal{F}_x(f) = f(\boldsymbol{x}) = <f, \Phi(\boldsymbol{x}) >H \leqslant \|f\|H \|\Phi(\boldsymbol{x})\|_H \tag{2-8}$$

因为 $\Phi(\boldsymbol{x}) \in H$，可知 $\|\Phi(\boldsymbol{x})\|_H = M < \infty$，因此 $\mathcal{F}_x(f) < M \|f\|_H$，即 $\mathcal{F}_x$ 是有界的。

（2）如果每个评估函数 $\mathcal{F}_x$ 有界，则对于每个 $\boldsymbol{x} \in X$，都有一个唯一的 $\Phi(\boldsymbol{x}) \in H$，使得 $\forall f \in H: \mathcal{F}_x(f) = <f, \Phi(\boldsymbol{x}) >H$。因此存在一个由 $\Phi(\boldsymbol{x})$ 给出的唯一函数 Φ: $X \rightarrow \{f$: $X \rightarrow \mathbb{R}\}$ 满足定义 2.1 的条件 1 和条件 2。

定理 2.1 得证。

H 是 RKHS 意味着在任意点 $\boldsymbol{x} \in X$ 处每个函数 $f \in H$ 的值都由 $\|f\|_H$ $\|\Phi(\boldsymbol{x})\|_H$ 界定。

推论 2.1　如果 H 是 RKHS，则 $\|f\|_H = 0 \Rightarrow \forall \boldsymbol{x} \in X: f(\boldsymbol{x}) = 0$。

示例 2.1　$L_2[a, b]$ 是希尔伯特空间，但不是 RKHS，因为存在无限多个

函数 $f \in L_2[a, b]$，使得 $\|f\|_H = 0$ 并且 $f(0) \neq 0$。

示例 2.2 有界连续函数的空间 $C[a, b]$ 满足评估函数有界的要求，但它不是希尔伯特空间。因此 $C[a, b]$ 不是 RKHS。

RKHS 的一个典型示例是包含波动不太多的连续函数的 RKHS。

示例 2.3 有限带函数 $H = \{f \in C(\mathbb{R}) \mid \mathrm{supp}(\widehat{f}) \in [-a, a]\}\left[\widehat{f}(w) = \int f(x)e^{-iwx}dx\right]$ 的空间是 RKHS。

定理 2.2 假设 H 是在具有核 Φ 的非空集合 X 上定义的 RKHS，训练集 $[\boldsymbol{x}^{(1)}, \boldsymbol{y}^{(1)}]$，$[\boldsymbol{x}^{(2)}, \boldsymbol{y}^{(2)}]$，$\cdots$，$[\boldsymbol{x}^{(m)}, \boldsymbol{y}^{(m)}] \in X \times \mathbb{R}$，在 $[0, \infty]$ 上严格单调递增的实值函数 g 和任意代价函数 $c: (X \times \mathbb{R})^m \rightarrow \mathbb{R} \cup \{\infty\}$，则任何满足式（2-9）最小化正则化风险函数 $f \in H$ 都可以表示为式（2-10）的形式。

$$c\left(\left[\boldsymbol{x}^{(1)}, \boldsymbol{y}^{(1)}, f(\boldsymbol{x}^{(1)})\right], \left[\boldsymbol{x}^{(2)}, \boldsymbol{y}^{(2)}, f(\boldsymbol{x}^{(2)})\right], \cdots, \left[\boldsymbol{x}^{(m)}, \boldsymbol{y}^{(m)},\right.\right.$$

$$\left.\left.f(\boldsymbol{x}^{(m)})\right]\right) + g(\|f\|) \tag{2-9}$$

$$f(\,.\,) = \sum_{i=1}^m \alpha_i k(\,.\,, \boldsymbol{x}^{(i)}) \tag{2-10}$$

证明：

可以将任何 $f \in H$ 分解为存在于 $\Phi(\boldsymbol{x}^{(i)})$ 空间内的部分和与其正交的部分，对于某些 $\alpha \in \mathbb{R}^m$ 和 $v \in H$ 使得对于 $\forall 1 \leqslant i \leqslant m$：$<v, \Phi(\boldsymbol{x}^{(j)}) = 0$，有以下式子成立：

$$f = \sum_{i=1}^m \alpha_i \Phi(\boldsymbol{x}^{(i)}) + v \tag{2-11}$$

在任意点 $\boldsymbol{x}^{(j)}$ 计算 f，有：

$$f(\boldsymbol{x}^{(j)}) = \left\langle \sum_{i=1}^m \alpha_i \Phi(\boldsymbol{x}^{(i)}) + v, \Phi(\boldsymbol{x}^{(j)}) \right\rangle = \sum_{i=1}^m \alpha_i \left\langle \Phi(\boldsymbol{x}^{(i)}), \Phi(\boldsymbol{x}^{(j)}) \right\rangle$$

$$\tag{2-12}$$

从式（2-12）可知 f 独立于 v，因此式（2-9）中的第一项不依赖 v。由于 v 与 $\sum_{i=1}^{m} \alpha_i \Phi(x^{(i)})$ 正交，并且 g 严格单调，所以仅当 $v=0$，可以得到：

$$g(\|f\|) = g\left(\left\|\sum_{i=1}^{m} \alpha_i \Phi(x^{(i)}) + v\right\|\right) = g\left(\sqrt{\left\|\sum_{i=1}^{m} \alpha_i \Phi(x^{(i)})\right\|^2 + \|v\|^2}\right)$$

$$\geq g\left(\left\|\sum_{i=1}^{m} \alpha_i \Phi(x^{(i)})\right\|\right) \tag{2-13}$$

定理 2.2 得证。

上述结果表明：各种问题都有最优解，其存在于映射到特征空间中的训练样本的有限维范围内，这使得能够独立于特征空间维数来执行核算法。在一些 $x \in X$ 处，式（2-10）的求值仅取决于内积 $\langle \Phi(x), \Phi(x^{(i)}) \rangle$，其等于 $k(x, x^{(i)})$，这意味着仅需要核函数 $k(., .)$，而不必在特征空间计算映射 Φ，但是并非每个函数 $k: X \times X \to \mathbb{R}$ 都是有效的核函数。

定理 2.3 如果 X 是一个拓扑空间，而 $k: X \times X \to \mathbb{R}$ 是一个连续的正定函数，则存在希尔伯特空间 H 和一个连续的映射 $\Phi: X \to H$，使得 $\forall x, x': k(x, x') = \langle \Phi(x), \Phi(x') \rangle_H$。

常用的核函数如式（2-14）的 Sigmoid 核和式（2-15）的高斯核。

$$k(x, x') = \tanh(a\langle x, x' \rangle + b) \tag{2-14}$$

$$k(x, x') = \exp\left(-\frac{\|x-x'\|^2}{2\sigma^2}\right) \tag{2-15}$$

2.3　人工神经网络

2.3.1　人工神经网络概述

使用 2.2 节中提到的核函数和特征映射，可以限制函数函数 f 所属的函数类别。人工神经网络是创建函数类别的另一范式，其灵感来自人脑中神经元的组织方式。

研究人员对解决人类难以解决但可以用数学规则描述的问题很感兴趣，还有其他一些对人类来说是直观解决的任务，例如图像分类、识别人脸等，但是这些任务很难描述，成为 AI 求解的难题。在机器学习算法中，人工神经网络模仿了大脑神经元行为的生物神经网络，用来学习和估计高维数据的函数。神经网络中模型的计算非常复杂，假设输入和输出之间存在非线性关系。因此，人工神经网络能够针对不同格式的数据进行学习，例如结构化数据、声音、图像等。

人工神经网络由输入层、许多隐藏层和输出层组成。每一层由许多处理单元（神经元或节点）组成，这些处理单元采用激活函数处理，神经网络支持多种激活函数。如果网络各层之间没有反馈连接（循环），则该网络被称为前馈网络，信息仅从输入神经元到输出神经元前向移动。单层前馈网络包含一个输入层、一个处理单元的输出层，也被称作单层感知机。而多层前馈网络具有一个输入层、一个输出层和一个或多个隐藏层组成，也被称为多层感知机（Multi - Layer Perceptron，MLP）。递归神经网络（Recurrent Neural Network，RNN）至少包含一个反馈回路，其中网络中的某些层从后续层中获取输入，因此激活函数可以循环流动，从而支持网络执行序列和时间处理，它可能包含也可能不包含任何隐藏层。如果神经网络中每一层中的所有处理单元都连接到下一层中的所有处理单元，则这种类型是全连接网络。人工神经经网络是功能强大的并行计算系统，由许多连接在一起以执行特定任务的简单处理元素组成，这种并行性使它们高效而强大。神经网络另一强大的特征是它们从训练数据中学习和泛化的能力，它们处理单元之间连接权值针对最终层的输出进行优化。

在人工神经网络中组织神经元有多种方法，但是本书只关注前馈架构 f: $X \to Y$，其具有如下形式：

$$f = \mathcal{K}^{(L)} \circ \cdots \circ \sigma^{(2)} \circ \mathcal{K}^{(2)} \circ \sigma^{(1)} \circ \mathcal{K}^{(1)} \tag{2-16}$$

式中，$\mathcal{K}^{(i)}(z) = \boldsymbol{W}^{(i)} z + \boldsymbol{b}^{(i)}$ 表示仿射变换，而 $\sigma^{(i)}$ 表示非线性激活函数。如果 $L = 2$，则网络具有输入层、隐藏层和输出层。如果 $\boldsymbol{X} = \mathbb{R}^n$，$\boldsymbol{Y} = \mathbb{R}$ 并且隐藏层包含 m 个神经元，则映射可以简化为：

$$f(\boldsymbol{x}) = \boldsymbol{b}^{(2)} + \sum_{j=1}^{m} \left[\boldsymbol{W}^{(2)} \right]_j^T \sigma \left(\left[\boldsymbol{W}^{(1)} \right]_j^T \boldsymbol{x} + b_j^{(1)} \right) \tag{2-17}$$

式中，$\boldsymbol{W}^{(1)} \in \mathbb{R}^{n \times m}$，$\boldsymbol{W}^{(2)} \in \mathbb{R}^m$，$\boldsymbol{b}^{(1)} \in \mathbb{R}^m$，$\boldsymbol{b}^{(2)} \in \mathbb{R}$。图 2-3 给出了该网络结构。

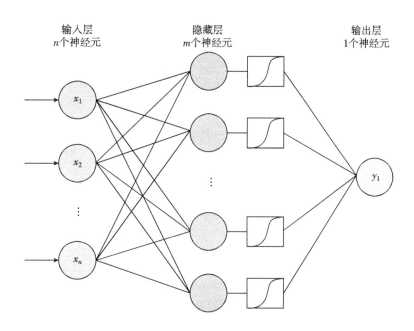

图 2-3 一个隐藏层的简单浅层神经网络

例如，如果考虑包含所有此类网络的函数类别，可以任意设置隐藏层中神经元的数量，则该类几乎包含从 X 到 Y 的任何映射。

定理 2.4 设 $I_n = \{ x \in R^n \mid \forall 1 \leqslant i \leqslant n : x_i \in [0, 1] \}$。如下形式的有限和：

$$f(x) = \sum_{j=1}^{N} \alpha_j \sigma \left(W_j^T x + b_j \right) \qquad (2-18)$$

式中，$W_j \in R^n$，$b_j \in R$，$\sigma : R \to R$。式（2-18）的函数是一个非常数、有界且单调增加的连续函数，相对于 $\| . \|_\infty$ 在 $C(I_n)$ 中是密集的。

对于每一个 $f \in C(I_n)$ 并且 $\varepsilon > 0$，都有一个式（2-18）形式累加和 G，使得 $\| f - G \|_\infty < \varepsilon$，但是可能需要大量的神经元。

2.3.2 激活函数

如果限制神经元的最大数量，那么将限制用于学习的函数类别。定理 2.4 中激活函数必须是有界的。典型示例包括：示性函数、双曲正切和 Sigmoid 函数，如图 2-4 所示。

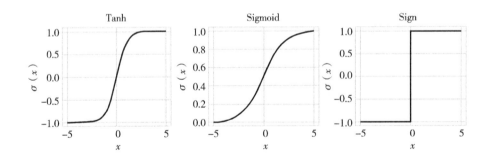

图 2-4　经典有界激活函数示例

逻辑函数 Sigmoid 一个非线性函数，将输入映射到 [0, 1] 区间。Sigmoid 函数用于隐藏层和输出层，它增加了神经网络的非线性特征，它通常用于两个类别的分类问题中。

正切函数 tanh 将每个输入映射到 [-1, 1] 区间。这是一种非线性映射，在人工神经网络回归任务中经常使用。深度神经网络中可能会出现消失的梯度，这是因为在网络的较低层中，当高层的单元几乎都为 -1 或 1 时，该梯度几乎为 0。这一问题会导致算法收敛缓慢，也可能导致训练网络收敛到较差的局部最小值。

在使用神经网络的现代方法中，尤其是在深度学习中，广泛使用了无界的激活函数，例如 ReLU、Leaky ReLU 和 Softplus。因为这些激活具有较大的梯度，从而有助于提高学习速度，缓解梯度消失的问题。

线性整流函数 ReLU（Rectified Linear Units, ReLU）作为激活函数，比 Sigmoid 和 tanh 激活函数更为有用，因为 ReLU 函数不会像 tanh 函数和 Sigmoid 函数那样遭受梯度消失的困扰。ReLU 函数使得网络收敛速度更快，从而加快神经网络的训练速度。此外，ReLU 很容易优化，因为它与线性函数类似，与线性函数所不同的是，在 ReLU 的一半域中输出为零，因此通过线性整流单元的导数能够保持较多。

当 ReLU 函数的激活度大于 0 时，其梯度为 1。因此对于深度神经网络中的活动隐藏单元来说，消失梯度不容易发生。但是在优化期间，未激活的单元 ReLU 的梯度为 0，不会调整未激活单元的权值。当训练具有恒定 0 梯度的 ReLU 网络时，学习可能会变得很慢，这一潜在问题类似于消失梯度问题。为了解决这个问题，Maas 等引入了泄露整流线性单元（Leaky Rectified Linear Units, LReLU）。当神经元未被激活时，LReLU 允许较小的非零梯度。ReLU 的改进版本很多，除 LReLU 之外，He 等还提出了参数化整流线性单元（Parametric Rectified Linear Units, PReLU）。

Softplus 函数与 ReLU 函数接近，但比较平滑，它同 ReLU 一样是单边抑制，有宽广的接受域，Softplus 可以看作是强制非负校正函数平滑版本。Softplus 可以看作是 ReLU 的平滑版本。根据神经科学家的相关研究，Softplus 和 ReLU 与脑神经元激活频率函数有神似的地方，也就是说相比于早期的激活函数，Softplus 和 ReLU 更加接近脑神经元的激活模型。Softplus 由于指数运算、对数运算计算量大的原因，而不太被人使用，并且从一些人的使用经验来看，效果也并不比 ReLU 好。

已经证明，具有局部有界分段的连续激活函数的标准多层前馈网络，当且仅当该网络的激活函数不是多项式时，才能以任何精确度去逼近任何连续函数。换句话说，如果激活函数不是多项式函数，则所有神经网络家族在某些函数空间［例如：$L^p(\mathbb{R}^n)$ 和 $C_0(\mathbb{R}^n)$］中是密集的。图 2 - 5 给出现代常用无界激活函数的一些示例。

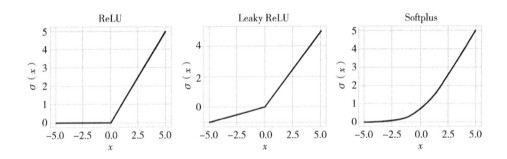

图 2 - 5　常用无界激活函数示例

2.3.3　过拟合和正则化

在机器学习中，模型试图通过学习很好地拟合训练数据，但是当在另一个数据集上泛化失败时，就发生了过度拟合问题（Over - Fitting）。模型过于复杂时通常会发生过度拟合，此时参数数量比训练数据量大。当模型解释了训练数据集中的噪声并且无法描述输入与输出之间的关系时，就会发生这种情况。已有一些方案来避免过度拟合，例如：通过减少参数数量的数据特征或使用更多的训练样本来降低模型的复杂性；通过向机器学习模型中添加参数范数惩罚 $\Omega(\Theta)$，将正则化添加到用于训练人工神经网络的总代价函数中，例如：

$$C_\lambda(\Theta) = \sum_{i=1}^{n} c[f(\boldsymbol{x}_i;\Theta), \boldsymbol{y}_i] + \lambda\Omega(\Theta) \qquad (2-19)$$

式中，$\lambda \in [0, \infty]$ 是一个正则化超参数，它可以调节参数 Θ 的正则化的程度，$\Theta \equiv \{\boldsymbol{W}^{(1)}, \boldsymbol{b}^{(1)}, \cdots, \boldsymbol{W}^{(L)}, \boldsymbol{b}^{(L)}\}$。将 λ 设置为 0 不会导致正则化，而较大的 λ 值则对应于更多的正则化。尽管模型拟合要求最小化 $C_\lambda(\Theta)$，但惩罚项会使参数尽可能小，通常参数范数惩罚 Ω 仅对权值进行正则化。

2.3.4　学习率

超参数对机器学习算法执行影响较大，选择超参数有手动或自动两种方法，手动选择超参数需要了解机器学习模型如何实现良好的泛化。学习率 α 是机器学习中最重要的超参数之一，通常在梯度下降算法中手动确定。学习率控制着机器学习模型的有效能力，当学习率选择适当时，该能力是最高的。对于训练误差，学习率具有 U 形曲线。一方面，如果学习率值太小，则该算法可能需要很长时间才能收敛到最小值，并且可能永久陷入较高训练误差中；另一方面，如果学习率较大，则训练误差可能会增加而不是减少，可能导致算法出现振荡、不收敛，图 2-6 呈现了这两种问题。

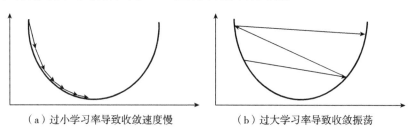

（a）过小学习率导致收敛速度慢　　　　（b）过大学习率导致收敛振荡

图 2-6　学习率的两种问题

正确选择学习率应设法避免上述这两个问题。当算法接近接近最小值的值时，通常的做法是降低学习速率以增强结果，这称为微调（Fine Tuning）。

2.3.5 随机梯度下降和小批量梯度下降

人工神经网络算法会涉及优化问题，优化表示通过更改权值来最小化或最大化代价函数的过程。在机器学习模型中，优化问题通常采用最小化代价函数的形式，通常采用梯度下降（Gradient Descent，GD）训练的方式。优化算法收敛所需的更新次数通常随着训练集的变大而增加。为了获得良好的泛化能力，机器学习需要大量的训练集，但在大型训练集上计算代价会更高。为了解决这一问题，通常将随机梯度下降算法（Stochastic Gradient Descent algorithm，SGD）用于大型训练集训练。SGD 是梯度下降算法的扩展，但其运行速度比普通梯度下降快得多，SGD 通过从单个随机选择的训练样本中计算偏导数的期望值来计算梯度，而不是在每次迭代中计算总代价函数的导数。

SGD 算法过程如下：

（1）初始化权值 $\boldsymbol{W}^{(0)}$；

（2）for $\tau = 1$, 2, $\cdots do$：

$$\boldsymbol{W}^{(\tau)} = \boldsymbol{W}^{(\tau-1)} - \alpha \boldsymbol{E}(\nabla C(\boldsymbol{W})) = \boldsymbol{W}^{(\tau-1)} - \alpha \boldsymbol{E}\left(\nabla \sum_{i=1}^{n} c(\boldsymbol{y}_i, f(\boldsymbol{x}_i; \boldsymbol{W}))\right)$$

$$= \boldsymbol{W}^{(\tau-1)} - \alpha \nabla c(\boldsymbol{y}_i, f(\boldsymbol{x}_i; \boldsymbol{W})) \quad \text{for randam } i \in \{1, 2, \cdots, n\}$$

$$(2-20)$$

（3）计算代价函数 $C(\boldsymbol{W})$；

（4）满足特定条件时停止算法。

尽管 SGD 的执行速度比普通梯度下降方法快得多，但在具有许多隐藏层的网络中它的执行速度还是非常慢，并且收敛需要很长时间，而且它可能会卡在较差的局部最优点。小批量梯度下降（Mini - Batch Gradient Descent）是另一种优化方法，旨在克服 SGD 的收敛速度慢和普通梯度下降计算效率低的问题。小批量梯度下降算法的思路是：通过使用训练数据集中的小的批量数据集来估计代价函数的梯度，这与 SGD 使用单个数据点或普通梯度下降使用整个训练集不同。小批量样本可以采用抽样的方式获取，在每个步骤中从整个训练集中均匀抽样出 $\{\boldsymbol{x}_1, \boldsymbol{x}_2, \cdots, \boldsymbol{x}_p\}$ 集合。更新步骤调整为：

$$\boldsymbol{W}^{(\tau)} = \boldsymbol{W}^{(\tau-1)} - \alpha \nabla \left(\sum_{i=1}^{p} c[\boldsymbol{y}_i, f(\boldsymbol{x}_i; \boldsymbol{W})] \right) \qquad (2-21)$$

近年来，已经出现许多基于小批量的学习方法，这些方法（例如 Adam）需要适配于模型参数的学习率。Adam 是一种高效的随机优化方法，只需要利用占用很少内存的一阶梯度，并且计算效率很高。

2.4 深度神经网络

2.4.1 深度学习模型

如前所述，人工神经网络可以具有多个隐藏层，部分文献提出了卷积层和权值共享技术，这是当今神经网络的关键组成部分。部分文献提出在网络的第一层中使用卷积运算，但是它们是手工设计，权值没有经过训练。为了训练网络，Geoffrey Hinton 等在 1986 年发表的文章《通过反向传播误差的学习表示法》中对早期的标准反向传播算法进行了推广。深度学习模型的发展对许多应用领域产生了巨大影响，在多个领域都取得了优秀的性能。例如：为黑白图像添加颜色、图像描述生成、艺术图像生成、语义分割等。对于许多图像逆问题应用来说，深度学习方法也成为最优秀的技术。

深度学习可在多个非线性变换级别中进行学习，这些级别对应于复杂结构的不同抽象级别，它可以对数据进行低层抽象及高层抽象的建模。学习模型的级别对应于特征的不同级别，其中较低层级的特征有助于表示高层特征，这种特征的层次结构称为深度架构。深度神经网络（Deep Neural Network, DNN）的架构与普通神经网络相比有更多的隐藏层。

尽管深度学习模型取得了巨大的成功，但仍有一些问题使某些深层次网络面临困难。Goodfellow 等发现可以通过对输入图像应用特定的、难以察觉的扰动可以欺骗深度神经网络，这种微小的扰动会使网络对图像进行任意分类。总的来说，深度学习在理论上还没有得到很好的解释，这吸引了来自不同领域的研究者试图寻找答案。

在 2016 年，由 Tomasso Poggio 领导的 MIT 小组提出了以下有关深度学习的主要问题：

（1）逼近理论：深层网络什么情况下会比浅层网络更有效？

（2）最优化：应该如何设计经验风险函数？

（3）学习理论：通过随机梯度下降进行泛化，过度参数化的网络如何泛化？

他们试图通过一系列文章来回答上述问题，这也引导了其他研究者朝这些方向进行大量研究。第一个问题可以转化为：为了理论上保证未知目标函数 f 逼近至给定的精度 $\varepsilon > 0$ 时，网络的复杂程度如何？回答这个问题的一般范式如下：令 V_N 为复杂度为 N 给定类别的所有网络集合，N 为网络中所有单元的总数。逼近的程度定义为：

$$dist(f, V_N) = \inf_{P \in V_N} \|f - P\| \tag{2-22}$$

如果 $dist(f, V_N) = \mathcal{O}(N^{-\gamma})$，其中 $\gamma > 0$，则复杂度为 $\mathcal{O}(\varepsilon^{-1/\gamma})$ 的浅层网络就足够了。有文献中指出，具有给定精度的近似函数，例如式（2-23）所示的组合结构可以通过深层和浅层网络实现，深层网络要比浅层网络更有效地近似函数的层次结构，因为组合神经网络可以充分利用其架构的优势，如图 2 - 7 所示。

$$y(x_1, \cdots, x_8) = h_3\Big(h_{21}\big[h_{11}(x_1, x_2), h_{12}(x_3, x_4) \big], h_{22}\big[h_{13}(x_5, x_6),$$

$$h_{14}(x_7, x_8) \big] \Big) \qquad\qquad (2 - 23)$$

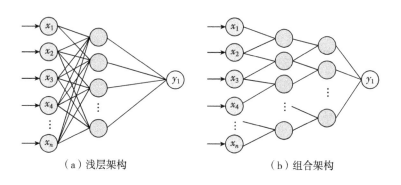

（a）浅层架构　　　　　　　　　　（b）组合架构

图 2 - 7　浅层和组合架构

目前已经出现很多不同的深度网络结构，其中大多数是从基本的父结构中衍生出来的，网络层的非线性处理单元的设计取决于需要求解的任务。深度学习是一个快速发展的领域，新算法可能每隔几周就会发布一次，有时并不能总是可以将几种结构的性能一起比较，因为它们并非都在同一个数据集上计算得到。

深度学习模型是一种前馈深度网络。当前在递归神经网络和卷积深度神经网络方面的研究已经非常成功，深度学习旨在学习多个层次的特征和抽象，这对于图像、声音、文本等数据非常有意义。深度学习方法依赖于作为模型和推理的数据表示形式。例如图像样本数据可以表示为：像素强度值的向量或是以边缘集合形式抽象形式等。深度学习领域的研究试图通过设计模型来获得更好的数据表示，某些特征表示的输入的要好于其他输入，因为大多数学习系统的性能最终取决于输入。

深度学习有两个常见问题：过度拟合问题和训练时间问题。当统计模型表示噪声多于潜在的关系时，即出现过度拟合，当模型非常复杂并且训练数据量相对于权值量过大时，就会发生这种情况。过度拟合的模型通常会产生糟糕的性能，通过在训练过程中使用诸如 dropout 正则化之类的正则化方法可以减轻过度拟合的影响。另外，深度网络可能会陷入局部极值，使得训练完成的网络灵活性不足，无法适应另一组新数据。此外，已有研究对深度学习和卷积网络理论的理解还有限。例如：结构特征的选择、模型的超参数调整、梯度消失或爆炸等问题，此类问题还有待深入研究。

2.4.2 卷积神经网络

通过限制前馈网络中神经元的数量可以控制网络能力，但是在实际应用中很难事前知道需要多少层或多少个神经元。根据应用的不同，可以只将一组神经元连接到给定的输入，通过权值分享及其他约束来重新定义网络架构。卷积神经网络（Convolutional Neural Networks，CNN）是目前计算机视觉领域广泛使用的深度学习网络，与传统的人工神经网络结构不同，它包含有特殊的卷积层和下采样层。卷积层和前一层采用局部连接和权值共享的方式进行连接，从而大大降低了参数数量。下采样层可以大幅降低输入维度，从而降低网络复杂度，使网络具有更高的鲁棒性，同时能够有效地防止过拟合。

流行的卷积神经网络架构包括：LeNet 、VGG、AlexNet、ResNet 和 U - Net 等，这些网络架构通常只须进行很少的修改即可在新应用中使用。2012年 ImageNet 挑战赛发布时，AlexNet 成为第一个真正展现深度学习优于传统机器学习算法的架构。

CNN 中各层通常被分组为块，例如图 2 - 8 中的 AlexNet 架构具有八层：五个卷积层 + 三个全连接层。典型的块包含以下几个操作：先应用卷积操作，然后应用激活函数，最后应用下采样/池化以减小输出的大小。下文将更详细地描述这些操作，此外还将讨论后续章节相关的网络架构，例如 Autoencoder、ResNet 和 U - Net 等。

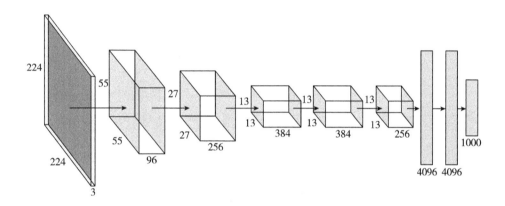

图 2 - 8　AlexNet 网络架构

2.4.2.1　卷积

计算机视觉任务中输入给神经元的是图像像素值。对于彩色图像，每个像素由分布在三个通道中的三个神经元表示。全连接层由于以相同的方式进行处理连接，无法利用图像中空间位置信息。而在卷积层中，输出中的每个神经元只与输入中彼此相邻的一小部分神经元相连。与标准图像处理一样，卷积层通过使用滤波器进行卷积操作，所不同的是这些滤波器并不是固定的，滤波器的每个分量是待训练的参数。如果卷积层的输入为 $x \in \mathbf{R}^{n_1 \times n_2 \times c_x}$（大小为 $n_1 \times n_2$ 的 c_x 通道），使用滤波器为 $h \in \mathbf{R}^{(2k+1) \times (2k+1) \times c_x}$ 的卷积结果为：

$$y(i, j) = (\boldsymbol{x} * h)(i, j) = \sum_c \sum_a \sum_b h(a, b, c)\boldsymbol{x}(i-a, j-b, c)$$

$$(2-24)$$

式中，$\boldsymbol{y} \in \mathbb{R}^{n_1 \times n_2}$。每个滤波器获得一个通道，如果使用 c_y 个滤波器，则输出具有 c_y 个通道。如果将 $\boldsymbol{x}$ 和 $\boldsymbol{y}$ 分别调整大小为 $n_1 . n_2 . c_x$ 和 $n_1 . n_2 . c_y$ 的向量，则整个映射可以表示为单个矩阵乘法运算，形式为 $\boldsymbol{y} = \boldsymbol{Wx}$（$\boldsymbol{W} \in \mathbb{R}^{n_1 . n_2 . c_x \times n_1 . n_2 . c_y}$）。因为权值共享的原因，矩阵 $\boldsymbol{W}$ 中某些元素与其他元素是相等的，这意味着实际要学习的参数将少得多。

2.4.2.2　下采样/池化

下采样/池化操作可以减小卷积层输出尺寸，这一操作可以通过均值、最大值等统计信息替换一组元素值来完成。因此对于输入进行小幅的变换，下采样/池化操作后的值通常不会改变，这一操作在图像分类应用非常有用，因为图像分类关注点在于是否存在某些特征而不关注确切的位置。

池化的另一个优点是能够处理不同尺寸的输入图像。CNN 最后的全连接层（见图 2-8）需要固定的输出尺寸时，可以使网络最后一个池化层输出 k 组特征来实现，每组特征对应于图像的某一部分。

2.4.2.3　自编码器

自编码器（Autoencoders）是另一种卷积神经网络，Autoencoders 能够通过无监督学习得到输入数据高效表示，输入数据的这一高效表示被称为编码，其维度一般远小于输入数据，使得自编码器可用于降维。自编码器由编码器和解码器组成，编码器一般由全连接层或者是卷积层组成，它负责编码输入数据，获得输入数据紧凑低维度的表达形式，一般把编码器的结果称为 Bottleneck。解码器以编码器输出的 Bottleneck 作为输入，它也由几层全连接或卷积网络组成，负责重构输入数据，如图 2-9 所示。

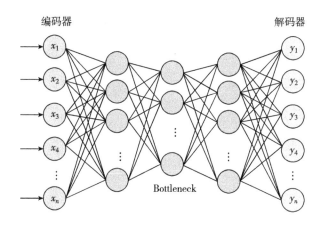

图 2 – 9 Autoencoder 网络架构

如果输入数据所有元素彼此完全独立，那么解码器将很难重新构造原始输入。Autoencoder 网络能够有效取决于以下假设：数据隶属于低维流形，并且具有可以学习的结构。如果仅使用一个没有激活函数的隐藏层，则编码器的作用等同于主成分分析（Principal Component Analysis，PCA）所实现的效果。

自编码器可作为强大的特征检测器（Feature Detectors）应用于深度神经网络的预训练，理想情况下自编码器中编码器可学习到描述输入数据的基本特征，在某些应用中自编码器对整个模型进行训练，但仅利用编码器部分作为特征提取器。此外，自编码器还可以随机生成与训练数据类似的数据，这被称作生成式模型（Generative Model），例如，可以用人脸图片训练一个自编码器，它可以生成新的人脸图片。

早期的自编码器训练过程是非监督方式的，因为训练数据是单一图像的集合，该单一图像既是输入，也是预期的输出，以最小化相似性函数（例如：均方误差）作为代价函数。编码器训练过程也可以采用有监督的训练方式，例如：可以使用自编码器执行去噪任务，此时网络训练的输入数据是噪声图像，而输出是清晰的原始图像，由于网络需要通过学习提取图像的主要特征，因此能够提取到与噪声无关的特征，并将该清晰图像的特征提供给解码器，从而生成清晰的图像。

2.4.2.4 残差网络

深度神经网络可以表示非常复杂的函数，能够在不同的抽象级别上提取学习特征。但由于梯度消失问题的存在，深度神经网络的训练变得越来越困难，ReLU 激活函数能够缓解这一情况，但无法完全避免。此外，由于链式规则使得到每一层的导数在网络中相乘，这将导致梯度呈指数下降，第一个隐藏层的学习速度比靠近输出的隐藏层的学习慢得多。

残差网络（Residual Networks）由一系列残差块组成，残差块分成两部分：直接映射部分和残差部分。残差网络借助于"跳跃连接"的方法，允许梯度直接反向传播到较早的层，可以解决网络层数较深的情况下梯度消失的问题，同时有助于梯度的反向传播，加快训练过程。如图 2 – 10 所示，如果网络的输入为 x，并且在隐藏层块后的结果为 $\mathcal{F}(x)$，则输出结果 $y = \mathcal{F}(x) + x$。

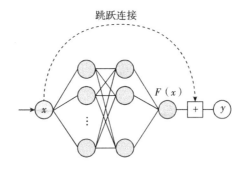

图 2 – 10　带跳跃连接的 ResNet 网络架构

残差有别于误差，误差是衡量观测值和真实值之间的差值，而残差是指预测值和观测值之间的差值，网络的一层通常可以看作 $y = \mathcal{H}(x)$，而残差网络的一个残差块可以表示为 $\mathcal{H}(\boldsymbol{x}) = \mathcal{H}(\boldsymbol{x}) + \boldsymbol{x}$；在单位映射中，$\boldsymbol{y} = \boldsymbol{x}$ 是观侧值，而 $\mathcal{H}(\boldsymbol{x})$ 是预测值，所以 $\mathcal{F}(\boldsymbol{x})$ 应用于残差。

He 等训练了 152 层的残差网络，并在 2015 年赢得了 ILSVRC 挑战赛，其在 ImageNet 上的实验证明了加深的残差网络能够比简单叠加层的深度网络更容易优化，同时因为深度的增加，训练结果得到了明显提升。

2.4.2.5　U – Net

Olaf Ronneberger 等提出了用于生物医学图像分割的 U – Net 架构，它仅由卷积层、池化/下采样、上采样组成，类似于自编码器。最初 U – Net 通过对每个像素进行分类进行图像分隔，其输入和输出具有相同的大小。

U – Net 网络具有"U"形特征，包含两个部分：第一部分是编码器，用于从图像中提取主要特征；第二部分是解码器，它与编码器对称，并使用反卷积或上采样层。此外，U – Net 也包含跳跃连接，如图 2 – 11 所示。U – Net 的跳跃连接仅将通道与层块的通道输出进行拼接操作，而不是残差网络的相加操作，这允许采用不同比例的特征来构建解码器的输出。

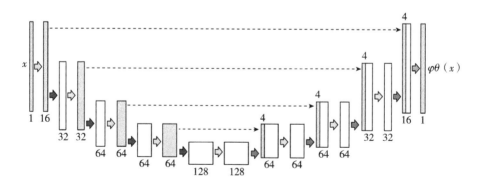

图 2 – 11　U – Net 网络架构

2.4.2.6 架构先验

通常深度学习会对学习任务的模型类型做出某些假设，为此需要对模型合理的先验进行编码。在神经网络中，先验条件包括：使用多少层、每一层中放置多少神经元、采用什么样的激活函数、如何连接神经元、最小化哪些损失函数等。强先验具有非常低的熵值，例如：具有低方差的高斯分布，这种先验对确定参数的最终值具有较大影响。卷积神经网络的权值具有隐含的先验：一个隐藏神经元的权值必须与其相邻神经元的权值相同，除了分配给该神经元空间连续的感受野的权值之外，其他的权值必须为零值。Deep Image Prior 的研究工作就是利用神经网络结构本身的先验知识，不需要原始图片，只需要一张退化的图片就足以完成训练，求解图像修复、超分辨、去噪等逆问题。

2.5 图像逆问题求解模型

逆问题求解指根据观测结果重建未知信号、图像的过程。观测结果是通过正向过程（通常是不可逆的）从未知数据中获得，在此框架下可以完成许多图像求解任务，包括图像去模糊、图像去卷积、图像修复、压缩感知、图像超分辨率等。这一正向过程是不适定问题，如果没有有关数据的先验知识，则很难或不可能得到适合观测结果的唯一解。传统方法通过代价函数最小化求解，代价函数由数据拟合项和正则化项组成，数据拟合项可度量重建图像与观测值的匹配程度，正则化项可反映先验知识并促进求解图像具有所需某种属性（如平滑度等）。深度学习技术目前正在深刻改变图像重建方法，涉及地球物理、医学成像等多个领域。

已知噪声观测度量 $y \in \mathbb{R}^m$，未知的 n 个像素的图像 $x^* \in \mathbb{R}^n$，图像逆问题可以表示为以下模型：

$$y = A(x^*) + \varepsilon \qquad (2-25)$$

式中，A 表示前向度量算子，ε 表示噪声向量。逆问题的目标是从 y 中恢复 x^*。在不失一般性的前提下，假设 y、x^*、A 是实值，因为本书中介绍的大多数技术都可以通过将实部和虚部连接起来而推广到复数图像/测量。

式（2-25）模型可用于计算成像，包括：图像复原任务（如去模糊、超分辨率、图像修复）、各种层析成像应用（如磁共振成像、X 射线计算机断层摄影和雷达成像）等。从 y 估计 x^* 的任务通常也被称为图像重建。经典的图像重建方法假设一些关于 x^* 的先验知识，例如平滑度、稀疏性、其他几何特性等。重建过程要寻找既适合于观测值 y 的 $\hat{x}$，又要让 $\hat{x}$ 符合先验知识。正则化函数 $r(x)$ 用于度量 x 与先验模型的不符合程度，并选择适合的 $\hat{x}$ 使得 $r(\hat{x})$ 尽可能小，同时 $\hat{x}$ 仍拟合观测数据。

近年来，深度学习已显示出求解图像逆问题的巨大潜力。深度神经网络可以利用大量训练数据来直接计算，略过了传统计算成像任务的正则化重构过程，深度生成式模型相关研究可以通过约束重构图像 $\hat{x}$ 保持在学习流形上来实现正则化，但总的来说，目前对于深度学习方法的适用性及其局限性的研究仍处于起步阶段。

下面列出主要的图像逆问题求解场景：

（1）医学影像。从投影观测中重建图像出现在 MRI、CT、PET、SPECT 等许多场景中。经典方法的效果很好，但计算代价很高。与传统的迭代方法相比，深度学习方法通过训练数据方式，取得了更好的图像复建质量和更快的重建。通用电气 GE 旗下的 TrueFidelity 通过深度神经网络训练开发出的人工智能 CT 图像处理系统，是业界首个还原原始图像的深度学习 CT 影像重建系统，能够通过持续学习高射线剂量条件下的高清真实影像数据，重建低射线剂量条件下扫描出来的影像，获得了美国食品药品管理局（FDA）的认证。

（2）计算摄影（Computational Photography）。计算摄影的目的是创建真实的有视觉吸引力图像。深度学习可以实现出色的微光成像、从照片中估计场景中不同对象的深度、在智能手机成像系统中进行白平衡调节等。

（3）计算显微成像（Computational Microscopy）。随着诸如电子叠层衍射成像（Ptychography）等计算技术的日益普及，解决图像重建问题已成为显微技术不可或缺的一部分。可以将深度学习应用于显微成像，实现重建图像、设计显微镜的照明模式和光学元件等。

（4）地球物理成像（Geophysical Imaging）。地震反演和成像涉及通过对地震波的物理传播进行建模来重建地球内部情况。模拟的合成测量值与反射波的实际声学记录的比较可用于调整这类不适定逆问题。最近提出的利用深度学习技术（如偏微分方程约束的生成模型方法）已经开始求解这类问题。

（5）其他计算成像应用。深度学习虽然仍处于发展阶段，但在许多具有挑战性的计算逆问题中也显示出巨大的潜力，包括无透镜成像、全息术、鬼影成像、散射介质成像以及非视线成像等。

根据式（2–25），图像逆问题求解的核心是从观测度量 $y \in \mathbb{R}^m$ 恢复 $x \in \mathbb{R}^n$，A 是前向算子。如果已知噪声的分布，则求解最大似然估计（Maximum Likelihood Estimation，MLE）问题可以恢复 x。

$$\widehat{x}_{MLE} = \underset{x}{\arg\max}\, p(y \mid x) = \underset{x}{\arg\min} - \log p(y \mid x) \qquad (2-26)$$

式中，$p(y \mid x)$ 是在真实图像 x 的条件下观测 y 的似然性。最大似然估计法存在一些缺陷，例如：当 A 是秩小于 n 的线性算子时解并不唯一；当 A 的频谱不是下方有界或是 A 是线性算子，$A^T A$ 的某些特征值较小时，对噪声的敏感度很高。

x 通常会有平滑、稀疏性、低秩等先验知识，可以将此类知识编码为 x 的先验分布 $p(x)$，从而得出最大后验估计（Maximum A Posteriori，MAP）。

$$\widehat{x}_{MAP} = \underset{x}{\arg\max}\, p(x \mid y) = \underset{x}{\arg\max}\, p(y \mid x)p(x) = \underset{x}{\arg\min} -\log p(x \mid y) -$$

$$\log p(x) \tag{2-27}$$

对于加性高斯白噪声的特殊情况，式（2-27）可以调整为：

$$\underset{x}{\arg\min} -\frac{1}{2}\|A(x) - y\|_2^2 (x \mid y) + r(x) \tag{2-28}$$

式中，$r(x)$ 与 x 的负对数先验成正比。这类先验包括 Tikhonov 正则化、稀疏性正则化、总变分正则化等。具有欠定 $A(.)$ 的 MAP 估计可以被视为一种算法过程，用于在满足 $y = A(x)$ 的 x 的无穷多个值中选择最符合先验条件的值。

从原理上讲，MAP 估计可用于解决大多数图像重建问题，但求解的难点在于：①噪声统计信息未知；②信号的分布未知或对数似然没有解析解；③前向算子未知或仅部分可知。近年来，机器学习领域的研究解决了上述部分难点。

图像逆问题模型中部分求解问题领域及前向模型总结如表 2-1 所示。

表 2-1　逆问题求解问题及其前向模型

应用领域	前向模型	备注
图像去噪	$A = I$	I 单位阵
图像去模糊	$A(x) = h * x$	h 是已知的模糊核，$*$ 表示卷积运算；当 h 未知时，重建问题被称为盲去模糊
图像超分辨	$A = SB$	S 是下采样算子，B 是模糊算子
图像修复	$A = S$	S 是对角线矩阵，其中 $S_{i,i} = 1$ 表示采样像素，$S_{i,i} = 0$ 表示不采样的像素

应用领域	前向模型	备注
压缩感知	$A = SF$	S 是下采样算子，B 是离散傅里叶变换矩阵
MRI	$A = SFD$	S 是下采样算子，B 是离散傅里叶变换矩阵，D 是表示与线圈敏感度映射图的空间域相乘的对角矩阵（假设在 SENSE 框架中采用笛卡尔采样的单线圈采集）
计算机断层扫描	$A = R$	R 是离散 Radon 变换
相位检索	$A(x) = \left| Ax \right|^2$	$\left| \cdot \right|$ 表示绝对值，A 是取决于应用的度量矩阵，度量矩阵 A 通常是离散傅里叶变换矩阵的变种

2.6　图像逆问题求解的深度学习方法

2.6.1　有监督与无监督

利用深度学习方法进行图像逆问题求解，通常可以分为两大类方法：有监督学习和无监督学习。

有监督学习的中心思想是生成真实原始图像 x 与相应的观测值 y 的匹配数据集合，y 可以通过对原始清晰图像施加前向算子计算得到。通过训练网络使其以观测值 y 为输入，输出重建图像 x，从而完成逆映射的学习。这种有监督的方法通常执行效果良好，但是严重依赖前向算子 A 的准确性。另外，当退化过程更改，前向算子发生变化时，需要重新训练新的网络。

无监督的学习方法不依赖于原始图像 x 和观测值 y 的匹配数据集，可以将无监督方法分为三种类型：①不使用真实图像 x 和观测值 y 成对数据的方法；②仅使用真实原始图像 x 的方法；③仅使用观测值 y 的方法。

2.6.2　深度生成式模型

机器学习的主要挑战在于如何以一种高效的学习和推理方式对高维数据分布进行简单建模，要表示 n 个二进制随机变量的联合概率分布，就需要 $2^n - 1$ 个参数。因此必须在数据上假设某种类型的结构，以规避最坏情况下的计算复杂性。为实现上述目标，研究人员做了多种相关研究。例如，在压缩感知和高维统计中，稀疏性和低秩性是许多工作中的关键结构假设；在图模型研究中，高维分布通过因式分解变得易于处理，这等效于条件独立性，贝叶斯网络和无向图模型都有一套丰富的学习和推理理论。

深度生成式模型（Deep Generative Models，DGM）是另一种高维数据分布建模方法。DGM 由深度神经网络为参数的函数 $G: \mathbb{R}^k \to \mathbb{R}^n$ 来表示，该深度神经网络是通过无监督方式从实际数据中训练得到。变分自动编码器（VAE）和生成对抗网络（GAN）是两种典型的深度生成式模型。DGM 在图像生成领域展现了前所未有的视觉效果，但是关于深度生成式模型的核心理论问题的研究还不够深入。本书将在第五章详细讨论如何将 DGM 用作图像逆问题的先验。

2.6.3　图像逆问题的深度学习求解方法分类

近年来，使用训练数据求解图像逆问题的文献不断涌现。一些方法使用式（2 - 28）的 MAP 公式，学习正则化函数 r 或 r 的某些函数；另一些方法学习从度量 y 到图像 $\widehat{x}$ 的直接映射。本节将梳理这些研究方法的总体思路并给出分类方法。

图像逆问题求解通常依赖于前向模型 A，也就是观测过程背后的物理学计算模型。各种图像逆问题求解的深度学习方法在前向模型的设定上是有所区别的。关于前向模型 A，通常有以下几种设定：

（1）训练及测试过程前向模型 A 已知。例如：计算机断层扫描中的离散 Radon 变换和 X 射线变换、磁共振成像中的离散 Fourier 变换等。

（2）训练过程前向模型 A 未知，在测试阶段（即在图像重建过程）可以使用前向模型 A。该架构对于训练可插入到各种重建任务的通用模型很有用。

（3）前向模型 A 部分可知。例如：它可能依赖于未知或难以估计的校准参数，如光学成像中的盲反卷积问题。

（4）前向模型 A 未知且不必建模。在这种情况下，有关 A 的所有信息都表示在训练数据中。

上述每种设定下都有不同的研究方法和分析过程，随后将详细说明。如果已知准确的前向模型，有人可能会认为应该在训练期间使用它，这样就不会在"学习物理模型"方面浪费参数。一些研究表明，在训练和测试阶段有效使用前向模型可以大大降低基于学习的图像重建问题的样本复杂性。但即使前向模型已知，从计算代价角度看，它可能也无法被应用，这在训练阶段尤其成问题，因为训练阶段每个反向传播步骤都可能需要前向模型或其伴随矩阵的多次应用，这就需要仔细设计网络架构，以尽量减少前向模型或其伴随矩阵应用的数量。

2.6.3.1　训练及测试阶段前向模型已知

当前向模型 A 已知时，可以采用多种深度学习技术来解决图像逆问题。这里重点关注有监督学习，即已经获取真实图像与观测图像成对数据集。

（1）对成对 (x, y) 进行训练。有监督学习通过训练重建网络 $f_\theta(.)$ 将观测量 y 映射到重建图像 x，其中 θ 是从训练数据估计的参数向量（例如：神经网络权值）。使用不同的深度学习方法可以看成是重建网络 $f_\theta(.)$ 的不同的参数化方式，可以将前向模型 A（或与 A 的伴随矩阵、导数等映射）嵌

入定义到 f_θ 的架构中。为简单起见，假定 A 是一个线性运算符，许多方法也可以自然扩展到非线性运算符中。

可以通过使用 A 的近似逆 $\tilde{A}^{-1}$（$\tilde{A}^{-1}Ax \approx x$）将观测结果映射到图像域，这是将 A 的知识合并到重建网络中的一种简单方法，然后通过训练神经网络将所生成的图像伪像去除。$\tilde{A}^{-1}$ 的具体选择取决于特定的逆问题，但是常见的选择包括伴随矩阵 A^T 或伪逆 $A^\dagger$ 等。例如：在图像超分辨率问题下，$\tilde{A}^{-1}$ 的常见选择是通过双三次插值法进行上采样；在 CT 重建问题中，$\tilde{A}^{-1}$ 的常见选择是滤波反投影（Filtered Back Projection）等。可以将这种方法视为学习重建网络，该网络的第一层权值由 $\tilde{A}^{-1}$ 给出。在重建网络中使用残差跳跃连接是有效的方法，因为预计第一层的输出将接近整个网络的输出，从形式化描述角度出发，这类方法将重建网络 f_θ 构造为：

$$f_\theta(\boldsymbol{y}) = g_\theta(\tilde{A}^{-1}\boldsymbol{y}) + \tilde{A}^{-1}\boldsymbol{y} \tag{2-29}$$

式中，g_θ 是参数为 θ 的可训练神经网络，该网络可以被看作预测近似逆和重构图像之间的残差，如图 2-12 所示。

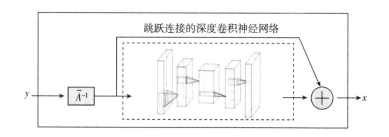

图 2-12　带跳跃连接重建网络架构

例如，在图像超分辨率情况下，网络 g_θ 可以表示从低通滤波后的图像中预测丢失的高频内容。

除了残差网络，也可以使用更复杂的分层跳跃连接网络，如 U - NET 和小波分解的架构。

受迭代优化方法的启发，一些研究人员基于展开的方法将 A 合并到重建网络中。要采用这种方法，可以考虑 MAP 式（2 - 28），在正则化函数 $r(.)$ 是凸性时，用于优化式（2 - 28）的常用算法是近端梯度下降，其迭代形式为：

$$x^{(k+1)} = P[x^{(k)} - \eta A^T(A x^{(k)} - y)] \tag{2-30}$$

式中，$P(z) = \underset{x}{\arg\min}\ \{(1/2)\ \|x - z\|^2 + r(x)\}$ 表示与正则化函数 $r(.)$ 对应的近端算子，η 是步长参数。

从初始化 $x^{(0)} = 0$ 开始，一直到近端梯度下降的第 K 轮迭代 $x^{(K)}$，可以将近端算子 $P(.)$ 的所有实例转变为可训练的重建网络，$P_\theta(.)$ 成为从图像到图像的可训练的深度卷积神经网络。重建网络的学习过程可以解释为近端算子的学习，如步长参数 η 等自由参数也可以在训练中学习。

图像 2 - 13 给出上述过程的示例：图中的网络架构也可看作是近端梯度下降算法的展开过程，如果已知前向模型 A 及其伴随矩阵 A^T，则使用递归块结构将 A 和 A^T 嵌入到迭代展开网络中，近端映射替换为深度卷积神经网络。

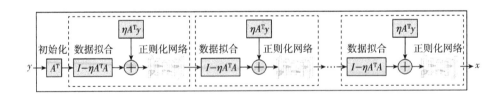

图 2 - 13　迭代优化过程展开的重建网络架构

研究人员已经开展了对图像逆问题的近端梯度下降算法的研究，此外，其他展开优化算法研究还包括：交替方向乘子法（ADMM）、原始对偶方法、半二次分裂、块坐标下降、交替最小化和近似消息传递等。除了展开优化算法之外，Gilton 等基于 Neumann 级数的进行展开策略研究。

（2）仅利用观测数据 y 进行训练。如果前向模型 A 和噪声统计信息都已知，则观测数据可以用作真实数据的替代，这种情况下，通过适当修改训练损失函数，仅利用观测数据来训练重建网络，这种学习可以称为自监督方法。例如：文献利用自编码器从噪声观测 y 中学习估计图像 x^*。下面重点介绍一种基于 Stein 的无偏风险估算器（Stein's Unbiased Risk Estimator，SURE）的自监督方法。

在经典统计学习中，SURE 是一种无须得到原始真实数据即可计算均值估算器的均方误差技术。为了说明如何将 SURE 用于深度学习的逆问题求解，以 $y = x^* + \varepsilon$ 的图像去噪问题为例，给定估计器 $\{f_\theta\}_{\theta \in \Theta}$，SURE 估计给定 y 情况下，估计值 f_θ 的均方误差为：

$$\mathbb{E}_\varepsilon \left[\frac{1}{n} \| x^* - f_\theta(y) \|^2 \right] = E_\varepsilon \left[\frac{1}{n} \| y - f_\theta(y) \|^2 \right] + \frac{2\sigma^2}{n} div_y [f_\theta(y)] - \sigma^2$$

$$(2-31)$$

式中，σ^2 是 ε 的方差，$div_y [f_\theta(y)] := \sum_{i=1}^n \frac{\partial f_\theta(y)}{\partial y_i}$。式中的计算不需要原始真实数据 x^*。

如果估计器相对于参数 θ 是可微的，那么可以使用梯度下降方法来学习估计器，可以通过梯度下降获得参数 θ^*，然后由 $f_\theta(y)$ 给出 x^* 的估计值。通过最小化式（2-32）关于 θ 的函数，然后通过 GSURE 将 SURE 推广到其他正向模型 A。

$$\mathbb{E}_\varepsilon \left[\frac{1}{n} \| P_A [x^* - f_\theta(y)] \|^2 \right] = E_\varepsilon \left[\frac{1}{n} \| P_A x^* \|^2 + \frac{1}{n} \| P_A f_\theta(y) \|^2 - \frac{2}{n} f_\theta \right.$$
$$\left. (y)^T A^\dagger y + \frac{2\sigma^2}{n} div_y [f_\theta(y)] \right] \qquad (2-32)$$

式中，$A^\dagger$ 是 A 的伪逆，而 $P_A = A^\dagger A$ 是 A 的行空间上的投影。

函数 f_θ 的选择有很大的自由度。研究人员应用 SURE 训练 DnCNN 和基于去噪学习的近似消息传递网络（Learned Denoising – Based Approximate Message Passing，LDAMP）进行图像去噪和压缩感知任务。

2.6.3.2　仅在测试阶段前向模型已知

现在考虑另一种情况：仅在测试阶段才知道前向模型 A，并且在训练过程中可以获取真实数据的代表性样本。这类研究算法具有以下特性：训练完成的深度模型可用于任何前向模型。

（1）仅利用真实数据 x 训练。在训练阶段仅提供真实数据 x 时，有两种主流的学习方法：学习近端算子或去噪器用于迭代重建算法、利用真实图像来训练学习生成式先验。

即插即用方法（Plug – and – Play，PnP）是一种强大的方法，可以使用现有的图像去噪算法来求解图像逆问题。这类方法核心思想是使用去噪器（例如：BM3D）替代迭代优化算法（例如：ADMM）中的近端算子，此时去噪器充当图像重建的正则器，使得最终重建图像与观测值匹配的同时，还能服从满足去噪器定义的先验。去噪正则化方法（Regularization by Denoising，RED）给出一种 PnP 方法的通用框架，可以通过更改正则化函数来将深度神经网络作为去噪器，部分文献提供了训练 PnP 的深度神经网络的改进方法。

受用于压缩感知的近似消息传递算法（AMP）的启发，基于学习去噪的近似消息传递（LDAMP）学习可用于 AMP 变体的去噪器，LDAMP 性能优秀，还可以在每次迭代时预测重构图像的均方误差。部分文献采用类似的方法，通过对抗训练从数据中学习去噪器，该去噪器在交替方向乘子（ADMM）算法中被用作近端算子来估计 x^*。

上述这类方法具有很强的灵活性，因为训练得到的去噪器与任何固定的前向模型无关，可以用来解决通用的图像逆问题。

学习近端算子的另一种替代方法是基于训练样本学习生成新图像的模型，即从数据中学习生成式先验。使用生成式模型进行压缩感知（Compressed Sensing Using Generative Mode，CSGM）方法给出了如何使用深度生成式模型来求解图像逆问题。CSGM 方法首先训练生成式模型 G：$\pmb{R}^k \to \pmb{R}^n$，$k \ll n$，根据给定训练数据来获取 $\pmb{x}$ 的分布。可以使用多种方法来训练深度生成式模型，例如 GAN 的对抗训练或 VAE 的变分推理等。一旦完成深度生成式模型 G 训练，就可以通过求解以下优化问题对观测图像的估计值进行估计。

$$\widehat{z} := \underset{z \in \pmb{R}^k}{\mathrm{argmin}} \| \pmb{A}\pmb{G}(\pmb{z}) - \pmb{y} \|^2 \tag{2-33}$$

在求解得到 $\widehat{z}$ 值后，通过 G（$\widehat{z}$）即可计算重建图像。式（2-33）的优化求解问题是非凸 NP 难问题。CSGM 通过从随机初始化 $z_0 \in \pmb{R}^k$ 开始并执行梯度下降来找到最适合观测图像的生成图像。Bora 等的实验结果表明，与基于稀疏的 LASSO 方法相比，CSGM 可以使用更少的度量获得相似的重建质量。

对于基于深度生成式模型的信号处理，CSGM 方法还推广了压缩感知和受限特征条件理论框架。对于随机亚高斯度量矩阵 $\pmb{A}$，可以使用"集合受限特征值条件"（Set Restricted Eigenvalue Condition，SREC）给出两个结论：

（a）如果 G 是 L-Lipschitz 函数，则 $m = \mathcal{O}[klog(\mathrm{Lr}/\delta)]$ 度量值足以保证 $\| \pmb{G}(\widehat{z}) - \pmb{x}^* \| \leqslant 6 \min_{z: \|z\| \leqslant r} \| \pmb{G}(\pmb{z}) - \pmb{x}^* \| + \delta$。

（b）如果 G 是具有分段线性激活函数的 d 层前馈神经网络，则 $m = \mathcal{O}[kdlog(n)]$ 度量值足以保证 $\| \pmb{G}(\widehat{z}) - \pmb{x}^* \| \leqslant 6 \min_{z \in \pmb{R}^k} \| \pmb{G}(\pmb{z}) - \pmb{x}^* \|$。

Kamath 等证明了深度生成模型可以产生所有 k 稀疏信号，因此使用深度生成式模型进行建模是严格稀疏性的推广。Jalal 等放宽了对 $\pmb{A}$ 的亚高斯假设，进一步提出了一种对重尾噪声和任意离群值都具有鲁棒性的新算法，Jalali 等、Aubin 等找到渐近最优结果。这些结果保证了式（2-33）的求解结

果 $\hat{z}$ 接近于最优值，但实际上很难找到最优值，尽管梯度下降求解 $\hat{z}$ 具有出色的实验性能，但目前还无法从理论上证明其在多项式时间内能完成求解。

Hand 等假设生成式模型 G 的权值是随机且独立的，在理论上取得了重要进展，证明了式（2-33）只有两个局部最小值，可以通过梯度下降进行优化。从实验结果来看，梯度下降反演对于像 DCGAN 这样的中型生成式模型效果很好，但是对 BigGAN 这样的大型生成式模型反演不是很有效。Shah 等对式（2-33）求解采用投影梯度下降方法并进行了分析，而 Gómez 等提出并分析了 ADMM 求解方法。

CSGM 方法已被广泛用于不同的逆问题求解中，包括：相位检索、盲反卷积、地球物理地震成像、双线性估计、一位压缩感知等。Dhar 等提出对式（2-33）中目标函数进行改进，Lindgren 等的研究结果为重建提供了不确定性量化 {Lindgren, 2020 #292}。尽管生成式模型是求解逆问题的强大工具，但训练这类模型具有相当的挑战性，往往需要大量的数据集和较长的训练时间。

（2）仅利用观测数据 y 进行训练。在训练数据中包含 y 表示存在一个固定的 A 生成训练样本。尽管这种情况下研究工作技术挑战较低，但是目前这一情况的应用场景还不明确。

2.6.3.3　前向模型部分已知

本节讨论前向模型部分已知的逆问题求解。例如：前向算子是参数化的模型，并且只知道参数的分布或参数的统计信息时，就会发生这种研究场景。

（1）对成对 (x, y) 进行训练。前向模型 A 的知识通常来自成像系统的数学模型，一般只知道 A 的近似值。这种不准确性会使得重建过程比较复杂，但是利用真实数据与观测数据 (x, y) 进行训练时，可以期望这些样本能够反映出结果，训练深度神经网络进行图像重建可以利用 A 的部分知识来对度量过程进行一些近似反演，同时使用训练数据来学习去除伪像。

（2）对未成对 x 和 y 的进行训练。某些时候可能得到未配对的真实图像和观测图像样本，例如：将清晰的 MRI 图像作为真实图像数据，将运动模糊 MRI 扫描图像作为观测数据，清晰图像和模糊图像之间没有配对标定。如果 x_i^*、y_i 分别表示真实图像集合和观测图像集合的第 i 个训练样本，x_i^*、y_i 分别符合 x^*、y 的边缘分布，而不符合（x^*, y）的联合分布。

CycleGAN 模型非常适合上述场景，因为在不成对的真实图像和观测样本的情况下，CycleGAN 可以学习原始图像域和观测图像域之间的前向和后向映射。Armanious 等采用这种思路实现消除 MRI 扫描的运动模糊以及将 PET 扫描转换为 CT 扫描。Quan 等进行了类似的研究，他们假定前向算子是二次采样的傅里叶变换。

下面简要描述原始 CycleGAN 算法：令 p_x、p_y 分别表示 x、y 上的分布，CycleGAN 旨在学习两个生成模型 $F: \mathcal{X} \rightarrow \mathcal{Y}$，$G: \mathcal{Y} \rightarrow \mathcal{X}$，其中 $\mathcal{X}$、$\mathcal{Y}$ 分别表示原始图像域和观测图像域。由于 F、G 使用不成对的 x 和 y 进行训练，这是在 x 和 y 之间创建联合分布的一种方法。对于所有 $y \in \mathcal{Y}$，$F[G(y)] \approx y$；对于所有 $x \in \mathcal{X}$，$G[F(x)] \approx x$。Zhu 等通过引入循环一致性损失来使得 F、G 彼此近似，其定义如下：

$$L_{cyc}(G, F) = E_{p_x}(\|x - G[F(x)]\|_1) + E_{p_y}(\|y - G[F(y)]\|_1) \quad (2-34)$$

通过将式（2-34）的循环损失项加到 F 和 G 的对抗损失中，可以同时训练 F、G。一旦完成训练，F、G 可用于从原始图像域映射到观测图像域，反之亦然。例如，如果 y 是带有运动模糊的 MRI 扫描图像，则 $G(y)$ 将消除 y 中存在的模糊。

（3）仅利用真实数据 x 训练。在盲反卷积问题中，$A(x) = x * A$，A 的分布已知，但并不知道产生观测值的确切模糊核。在部分文献中，假设存在

两个生式成模型 G_A、G_x，G_A 表示 A 的分布，而 G_A 表示 x 的分布。

给定 G_A、G_x，观测值 $y = x^* * A^* + \varepsilon$ 可以通过求解以下优化问题来恢复真实图像 x^* 和模糊核 A^*：

$$\widehat{z}_x, \ \widehat{z}_A = \underset{z_x \in \mathbf{R}^k, z_A \in \mathbf{R}^k}{\operatorname{argmin}} \| y - G_x(z_x) * G_A(z_A) \|^2 \tag{2-35}$$

一旦求解完成，就可以用 $G_x(\widehat{z}_x)$、$G_A(\widehat{z}_A)$ 分别估算出 x^* 和 A^*。

Hand 等将该方法推广到盲解调，并为上述目标函数的损失情况提供了理论保证，并证明可以通过梯度下降算法完成求解。

DeblurGAN 使用模糊图像作为输入以端到端的方式训练 GAN，在训练过程中，清晰的图像通过合成模糊化，而 GAN 将学会如何根据模糊的图像生成清晰的图像。

（4）仅利用观测数据 y 进行训练。仅从观测数据进行学习是一项艰巨的任务，而仅具有部分前向模型知识将使求解变得更加复杂。为了求解此类问题，通常假定前向算子具有基础分布，并且已经了解其统计信息。求解此类问题有两种流行的方法：一种是有监督方法，另一种是通过对抗训练。

Noise2Noise 学习了一个神经网络 $f_\theta : \mathbb{R}^m \to \mathbb{R}^n$，$f_\theta$ 以噪声观测作为输入，并产生清晰的样本作为输出。f 的训练并不需要真实数据，为了训练 f，Lehtinen 等做出如下假设：

（1）训练数据由 $(\widetilde{x}, y)$ 对组成，$\widetilde{x}$ 是 x^* 的噪声版本，$y = A(x^*) + \varepsilon$。

（2）$\widetilde{x}$ 满足 $\mathbb{E}[\widetilde{x} \mid y] = x^*$。

给定满足上述要求的数据集，可以学习到神经网络 f_{θ^*}，其中 $\theta^* = \operatorname{argmin}_\theta \mathbb{E}[\|f_\theta(y) - \widetilde{x}\|^2]$。Noise2Noise 的理论基于假设 $\mathbb{E}[\widetilde{x} \mid y] = x^*$，这使得 f 可以从噪声样本 $\widetilde{x}$ 训练得到，而无须获得原始清晰图像。从理论上讲，每个 x^* 都需要多个 $\widetilde{x}$，但是 Lehtinen 等通过实验观察到只需要一个样本就足够。Noise2Noise 的优势在于不需要显式地了解 A 的参数或分布。虽然

Noise2Noise 不需要原始清晰图像，但它仍然需要 $\tilde{x}$，$\tilde{x}$ 可以看作是 x 的噪声代理。

　　生成对抗训练已成为一种学习难以描述的高维数据分布的有力技术。当 A 符合参数分布时，AmbientGAN 展现了如何利用对抗训练单独从观测数据中学习模型。令 y、x^*、A 分别表示观测图像数据、真实图像数据、前向模型的随机变量，P_y、P_{x^*}、P_A 分别表示其概率分布。对于给定来自 P_y 的样本，假设对前向模型的参数进行抽样比较容易，AmbientGAN 可以通过优化以下目标函数来学习 P_y 分布。

$$\min_G \max_D \boldsymbol{E}_y\big[\log(D(\boldsymbol{y}))\big] - \boldsymbol{E}_{z,A}\big[\log(1 - D(A(G(z))))\big] \qquad (2-36)$$

　　式中，G：$\mathbb{R}^k \to \mathbb{R}^n$（$k \ll n$）、$D$：$\mathbb{R}^n \to [0,1]$；$z \in \mathbb{R}^k$ 是一个随机隐变量，可以采用独立同分布的高斯或独立同分布的均匀分布对其进行采样。在传统的 GAN 中，判别器 D 要学会区分 P_{x^*} 和 $P_{G(z)}$，而在 AmbientGAN 中，判别器必须学会区分 P_y 和 $P_{AG(z)}$。在 P_A、P_{x^*} 分布满足一定正则条件下，部分文献证明了分布 P_{x^*} 可以完全恢复。

　　一旦 AmbientGAN 完成训练，就可以将其用于推理：对于新的 A 和 y，通过求解式（2-33）的约束最小二乘问题计算得到 $\widehat{z}$ 后，重建图像 $\widehat{x} = G(\widehat{z})$。如果 AmbientGAN 准确地对原始图像分布建模，则 A 在推理阶段无须符合任何分布假设。

　　尽管 AmbientGAN 具有良好的理论特性，但由于需要在测试阶段执行优化程序，因此计算量很大。另一个解决方案是训练一个网络 $\tilde{G}$，该网络接受观测数据作为输入并输出重建结果，重构 $\tilde{G}(y)$ 是 x^* 理想的 MAP 估计，Sønderby 等也开展了类似的研究。

2.6.3.4　前向模型未知

　　在某些情况下，前向模型可能完全未知或是在计算和测试阶段计算上不可行，此时学习只限于有监督学习，训练必须在原始图像与观测图像匹配对上进行。

假设只能获取原始图像与观测图像匹配数据对（x，y），而不了解前向模型，那么最简单的方法就是将重建映射 $y \mapsto x$ 看作一个"黑匣子"，可以用输入和输出具有相同尺寸的常规神经网络架构很好地逼近，如图 2 – 14 给出的流形逼近自动变换网络架构（Automated Transform by Manifold Approximation，AUTOMAP）所示。在 AUTOMAP 架构下，重建网络 f_θ 被建模为嵌入在高维欧几里德空间中的低维"观测流形"$\mathcal{Y}$ 和"图像流形"$\mathcal{X}$ 之间的映射。

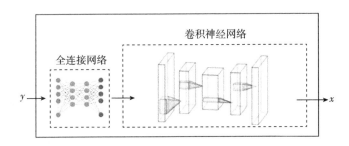

图 2 – 14　AUTOMAP 网络架构

$$f_\theta = \phi_x \circ g \circ \phi_y^{-1} \qquad (2-37)$$

式中，ϕ_y^{-1} 将欧几里德空间映射到 $\mathcal{Y}$ 中的本征坐标，g 是 $\mathcal{X}$ 和 $\mathcal{Y}$ 之间的一个微分同胚，ϕ_x 将 $\mathcal{X}$ 的本征坐标映射到欧几里德空间。为了近似映射 f_θ，将 ϕ_y^{-1} 用全连接的神经网络层参数化表示，而 g 和 ϕ_x 由卷积神经网络层进行参数化表示。

2.6.4　图像逆问题求解的深度学习方法关键权衡问题

2.6.4.1　样本复杂度与求解的通用性

2.6.3 节讨论的一些无监督学习方法，例如使用生成式模型进行压缩感知、使用去噪自编码器进行迭代即插即用重建等，这类模型训练都是独立于正向模型 A 进行的。仅使用一组训练图像即可学习生成式模型或去噪自编码器，而无须了解 A。这类方法的优势在于：一旦完成训练，就可以将学习到的生成式模型或去噪自编码器用于任何前向模型，因此不需要为每个新的逆问题重新训练系统，从而实现网络模型学习与逆问题求解解耦，从而实现很高的通用性。

但是解耦方法的通用性带来了样本复杂性过高的问题。因为学习生成式模型或去噪自编码器本质上是估计图像空间上的完整先验分布 p (x)。如果将学习到的正则化器用于训练过程中并不了解的线性逆问题，则对整个图像空间的建模型就非常重要。当训练阶段不了解 A 时，只需要学习条件分布 p $(x \mid y)$，其中 $y = Ax + \varepsilon$。例如图像修复任务中仅能观测到图像 x 的所有像素的子集时，无须学习所有可能图像的空间分布，只需要学习以观察到的像素为条件的缺失像素的空间分布，如图 2 – 15 所示。

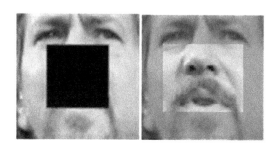

图 2 – 15　样本复杂度 – 图像修复示例

图 2 – 15 给出图像修复问题示例，其目的是估计图像中心区域缺失的像素。如果没有提前知道哪些像素可能丢失，那么必须学习所有可能图像 p (x) 的分布。如果在训练时知道将丢失哪些像素，则可以利用此信息来

减少样本的复杂性。例如，如果知道丢失的像素位于（a）所示区域，则（b）中红色突出显示的像素与修复任务无关，就无须了解这些区域像素值的分布，即仅需学习条件分布 $p(x|y)$，从而只需要相对少量的训练样本即可。

如果知道前向模型 A 和噪声 ε 的统计量，则可以使用贝叶斯定理根据 $p(x)$ 和 A 计算 $p(x|y)$，但是这种方法并不总是最有效的方法。假设图像有 d 个像素，并且分布 $p(x)$ 处于具有平滑度参数 α 的 Besov 空间中，其中较大的 α 表示 $p(x)$ 更平滑，从而更容易估计，L^2 密度估计误差与 $N^{-\alpha/(2\alpha+d)}$ 成比例，其中 N 是训练样本数量。条件密度估计误差与 $N^{-\alpha'/(2\alpha'+d')}$ 成比例，其中 α' 是条件密度的平滑度，d' 是条件密度所依赖的像素数（未覆盖的像素数，如图 2-15 中的红色区域）。通常 $\alpha' > \alpha$ 和 $d' \ll d$，与首先估计全密度然后基于更高误差估计来计算条件密度的策略相比，条件密度估计可以用更少的训练样本实现更小的误差。

总之，解耦方法需要学习完整的先验 $p(x)$，而将 A 纳入学习过程的方法则更能简单地学习条件密度 $p(x|y)$，后者学习过程只需要相对较少的训练数据。

2.6.4.2 重建速度与准确性

传统图像逆问题求解算法的计算瓶颈通常来自应用前向模型 A（或其伴随矩阵 A^T），这是由于迭代优化的多轮的计算过程非常耗时，深度学习方法解决了基于模型的迭代重建方法计算代价过高的问题。

迭代重建方法每次迭代时，通常需要使用前向模型算子 A 及其伴随矩阵 A^T，这些计算是此类方法的主要计算代价，可以通过减少迭代次数来减少重建时间，但由于迭代方法需要收敛才能产生准确的结果，因此很少有完全控制迭代次数的机制。通过实验结果表明，基于深度学习的方法可以用更少的计算量实现与传统迭代优化方法类似的精度。例如 2.6.3 节介绍的模型展开的优化方法，块的数量类似于迭代的次数，可以通过固定块的数量，从而实现少量迭代的重构方法。

2.6.5　逆问题求解深度学习方法的局限性

本节将审视深度学习求解图像逆问题的局限性。在将深度学习应用于图像逆问题的实际应用系统之前，必须考虑这些问题。

（1）训练阶段和测试阶段不同前向模型的鲁棒性问题。在某些情况下，训练阶段使用的前向模型不同于测试阶段使用的前向模型。2.6.3 节中描述的不同方法，对训练阶段和测试阶段之间的前向模型的扰动变化，具有不同程度的鲁棒性。

前向模型和学习重建算法的离散化会导致出现相关模型失配问题。例如，为了便于生成训练数据，许多有监督的学习方法会假设前向模型和真实图像是离散的，而实际上它们在连续域中定义，这会在测试阶段产生伪影情况，例如 MRI 图像中的吉布振铃伪影。

（2）训练数据集的特征并未足够完备。所有基于机器学习的图像重建方法都假设：训练数据能够代表测试阶段，能够涉及内容。在医学成像等应用领域中，尚不清楚上述假设有多大程度适用性，例如患者的解剖结构或肿瘤的异常几何形状，有可能在训练集中并未被反映出来。

（3）模型理论难以解释。尽管深度学习模型灵活且功能强大，从理论角度还难以分析和解释。例如，深度图像先验（Deep Image Prior）及相关方法实现了令人惊讶的结果，它们不需要任何训练数据，但却能比通过大数据集训练的方法更具有竞争优势。目前关于深度图像先验成功的假设是卷积模型偏向平滑信号，部分文献对此假设提供了初步的理论论证，但是用于分析这些模型的可靠性理论框架仍有待深入研究。

（4）产生伪像。近几年，生成式建模已经取得了重大进展，并且生成的图像的感知质量几乎逼真。早期的 GAN 需要努力处理包含复杂语义结构的图像，但是现代 GAN 却能够克服这一问题。尽管最近在生成式模型方面的研究取得了长足进展，但是生成的图像仍然包含许多伪像和失真。直接从观测值映射到图像的医学成像深度学习模型也颇受争议。深度学习具有惊人的能力来生成逼真的图像，即使图像中的特征实际上并未出现，如果将伪像用于肿瘤分类等任务，则这些伪影可能会对最终的医学诊断带来困扰。

2.7　本章小结

深度学习的概念源于对人工神经网络的研究，深度学习通过组合低层特征形成更抽象的高层代表属性类别或特征，从而发现数据分布及特征表示。研究深度学习的动机是建立模拟大脑分析学习的神经网络来解释说明图像、声音、文本等数据。

深度神经网络可用于求解图像多种逆问题。本章给出人工神经网络及深度神经网络的基本理论，重点介绍了图像逆问题的求解模型及求解图像逆问题的多种深度学习方法，并对这类求解方法进行了分类。这一分类从两个视角展开：第一个视角是前向模型是否已知以及在训练阶段和测试阶段前向模型的使用程度；第二个视角是学习是在有监督模式还是无监督模式下进行。本章详细探讨了不同的深度学习图像逆问题求解方法，并对图像逆问题求解的深度学习方法的关键权衡问题以及局限性进行了探讨。下一章将研究基于卷积神经网络的图像超分辨问题的求解模型。

第3章 特征增强超分辨卷积神经网络研究

图像超分辨（Super – Resolution，SR）是计算机视觉领域重要的应用，目前已经在图像处理、医学成像、安全系统和法医分析等多个领域中得到应用。例如，在人脸识别和验证系统中，图像的分辨率起着重要的作用，SR方法可以充当预处理步骤，通过SR方法对损坏的图像进行增强并获得HR图像，从而有助于更准确地检测和识别对象。低分辨图像的产生的原因很多，例如，大气条件、对象与相机之间的距离、失焦问题、相机或目标对象的运动等，SR方法有助于克服此类问题，此外，SR方法可以用于自然图像的图像增强，从而提高失真图像的质量。

3.1 图像超分辨率方法概述

图像分辨率定义了图像细节精度，是评估不同图像采集和处理系统质量的关键指标。一些应用为了获取图像更为详细的信息，需要生成高分辨率（High – Resolution，HR）图像，HR图像具有更高的像素密度和图像细节。图像超分辨方法通过较高的采样率对图像进行重新采样以提高图像分辨率，

SR 方法的主要目的是从欠采样的低分辨率（Low – Resolution，LR）图像生成高分辨率 HR 图像。SR 重建不仅是对欠采样的 LR 图像进行上采样以提高图像质量，而且还要滤除诸如噪声和模糊之类的失真，模糊是由许多原因引起的，例如图像采集光学系统的不足、运动模糊、镜头模糊等，模糊模型通常使用二维高斯分布。图像超分辨率最简单的做法是仅使用插值技术来增加像素密度。

3.1.1　图像超分辨的退化模型

可以根据式（3 – 1）从 HR 图像获得退化的 LR 图像。

$$y = DB * x + \eta \tag{3 – 1}$$

式中，x 是 HR 图像，y 是模糊的 LR 图像，B 是模糊因子，D 是下采样因子，η 是噪声算子，$*$ 表示卷积运算。为了获得重建的 SR 图像 $\widehat{x}$，可以求解式（3 – 2）的代价函数实现。

$$\underset{x}{\mathrm{argmin}} \left\| y - DB * x \right\| \tag{3 – 2}$$

（1）模糊因子 B。在图像超分辨率模型中，模糊可能通过散焦或大气模糊发生，也可能由于光学设备的 PSF（2D 脉冲响应）产生。当前有多种模糊建模策略，最常使用的是采用低通滤波器卷积核，常用的模糊核是具有不同模糊度 σ 和离焦模糊的高斯核，它们模仿了自然模糊核。单图像超分辨率（Single – Image Super Resolution，SISR）可以分为两类不同的任务：第一种是盲超分辨任务，其假设模糊核 σ 和 HR 图像未知，并试图从 LR 图像中恢复两者；第二种是非盲超分辨任务，假定模糊核已知，根据模糊核和 LR 图像来恢复 HR 图像。大多数盲超分辨方法关注于模糊核估计，然后执行非盲 SR 方法以获得 SR 图像，盲超分辨重建算法的成功关键在于能否准确地估计模糊核。

（2）下采样 **D**。下采样也称为子采样，该操作使得图像空间尺寸缩小，因此超分辨过程与相关的线性问题（如去模糊）是有所区别的。

（3）噪声 η。图像超分辨问题采用较低的噪声级别，因为其主要目的是通过模糊和下采样过程恢复丢失的信息。

3.1.2　图像超分辨求解的传统方法

在 20 世纪 80 年代初期，Tsai 等首次在文献中提出图像超分辨问题。从此，这一问题受到了广泛关注。目前学界已经提出了许多 SR 技术来将 LR 图像重建为 HR 图像，SR 技术旨在增大图像尺寸并恢复丢失的 HR 信息。

根据问题建模和处理数据的不同，SR 技术分为两种主要类型。传统方法更多讨论多图像超分辨率（Multiple – Image Super – Resolution，MISR）任务，这一任务可以使用相同场景的多个观测结果。这类方法着重通过对齐输入和控制噪声来重建 HR 图像。如果仅使用一个 LR 图像获取 HR 图像，则该任务称为单图像超分辨（Single Image Super – Resolution SISR）。SR 问题是一个逆向问题，因为单个 LR 图像可以映射到多个 HR 图像，所以这是一个不适定的逆问题，需要根据 LR 图像和先验知识来得到稳定解，外部先验知识有助于求解这一不适定问题。

本节重点对 SISR 技术进行综述。传统的 SISR 研究方法通常有四种类别：基于插值的方法、基于重构的方法、基于边缘的方法和基于样本的方法。

3.1.2.1　基于插值的超分辨方法

插值方法是增加图像尺寸最快、最简单的方法，这类方法具有较低的计算复杂度。此类方法常用技术包括：最近邻算法、双线性算法和双三次算法等。插值通过使用相邻的邻域像素来估计丢失的像素值，重采样以生成具有不同尺寸的新图像。由于插值图像中的新的像素仅仅只是相邻像素的平均值，通常会导致模糊，缺少精细的细节。这类方法局限性在于：无法获取重采样图像中的高频信息，因为在低通滤波过程中移除了这部分信息。此外，图像复原结果通常会在边缘处出现伪像，显得过于光滑。在许多图像超分辨技术中，插值方法被广泛用于生成初始 HR 图像的预处理方法。

最近邻插值将最近邻像素值分配给新的采样网格完成对图像的重采样。双线性插值方法通过四个最邻近像素（2×2）的加权和来计算新二维网格上的新像素值。图像处理领域中，双三次插值是图像重采样中常用的手段，常用于下采样和上采样，考虑 16 个像素（4×4）来计算采样网格上的新像素值。

3.1.2.2　基于重构的超分辨方法

尽管插值方法简单、计算成本低，但会产生过度平滑的图像，这些图像存在对比度低、边缘模糊、存在伪像、细节不足等问题。基于重建的超分辨算法利用图像属性作为 HR 图像的先验知识，并对从 LR 图像到 HR 图像生成过程施加重建约束，重建约束要求通过下采样和平滑处理的 HR 图像应尽可能重现相同的 LR 图像。常用的约束包括：重尾梯度、稀疏性、总分正则化（TV）等。这类方法局限性在于生成的 HR 图像通常会产生伪像，施加的先验未必适合任意图像。

3.1.2.3　基于边缘的超分辨方法

边缘在视觉感知中起着重要作用，基于边缘的超分辨方法包括：边缘方向插值方法（Edge – Directed Interpolation，EDI）、梯度先验方法（Gradient Priors）等。边缘方向插值方法通过采用梯度映射方向来保留重采样后图像的边缘，该方向取决于插值位置的基础形状。EDI 使用了一种自适应插值方法，此方法基于最近邻插值和 b 样条插值，计算每个像素与相邻像素的绝对差并对每个像素进行分类，根据此分类防止将相邻像素的值归于随后的边缘方向。

新的边缘方向插值方法（New Edge – Directed Interpolation，NEDI）利用了 LR 图像和 HR 图像的协方差之间的关系对插值方法进行建模。NEDI 方法不假定除 LR 图像外的任何先验知识，这点与 EDI 不同。

平滑边缘是对 LR 图像插值后产生的主要伪像之一，研究人员提出通过修改梯度轮廓来生成更为清晰的图像。梯度轮廓定义为沿着图像中零交叉像素梯度方向的一维轮廓。在自然图像中，梯度轮廓先验被视为定义梯度轮廓的形状和清晰度的参数分布。一维梯度分布通过条件正态分布建模为随机变量，在每个像素处通过计算识别其最近边缘的特征向量，对整个超分辨图像构建高斯 – 马尔可夫随机场模型，利用条件分布生成合适梯度的超分辨图像。这类方法虽然可以产生边缘清晰的图像，但缺少纹理、细节不足，计算代价通常较高。

Sun 等将梯度轮廓建模为一维广义高斯分布（Generalised Gaussian Distribution，GGD），将从大量图像中预先学习的梯度轮廓作为图像梯度约束，这一方法恢复的 HR 图像尽管具有清晰、高质量的边缘，但由于先验主要是从边缘学习，不能有效地建模诸如纹理这类高频结构。

3.1.2.4　基于样本的超分辨方法

基于样本的方法或基于学习的方法通过一组成对的 LR 和 HR 训练图像中学习映射函数。基于样本的方法从样本来源分为两种：第一类是基于内部样本的方法，利用了图像的自相似性；第二类是基于外部样本的方法，试图学习 LR 和 HR 图像块之间的映射函数。大多数外部样本的方法的处理流程都是类似的，所不同的是学习和优化方法，例如：卷积神经网络（CNN）学习 LR 和 HR 图像之间的端到端映射函数，而没有涉及字典、流形的选择和组成问题。

SISR 基于样本的方法采用了多种技术，常用的有：近邻嵌入和流形学习、稀疏词典学习、内部学习和人工神经网络等。

（1）近邻嵌入和流形学习。Chang 等提出一种基于近邻嵌入（Neighbour Embedding，NE）的方法，这是一种简单有效的方法，假定 LR 块可以由 K 个近邻的线性组合表示。NE 方法认为 HR 和 LR 流形是由具有相似的局部几何形状的一组 HR 和 LR 空间形成，欧式距离用于寻找近邻，将一阶和二阶导数用作特征，求解 K 个近邻的线性组合并计算权值，通过最小化重构误差的方式求解。NE 方法由于线性组合原因，在求解图像的某些区域会出现过度平滑情况。Bevilacqua 等使用不同的块特征，在 LR 邻域估计中使用了非负约束，该约束利用最小二乘问题推导，非负权值的计算采用了更为连贯流形的 LR 嵌入，使得恢复的 HR 块性能更好。

Zeyde 等提出采用稀疏表示模型，从模糊和下采样的噪声图像恢复 HR 图像。基于文献中的字典结构，又衍生出两种新方法：锚定近邻回归（Anchored Neighbor Regression，ANR）和 A + 方法，这两种方法利用不同的技术对字典原子进行回归和稀疏搜索。

ANR 方法是一种快速 SR 方法，利用字典原子之间的相关性，计算字典中每个原子 d_j 的 K 个近邻，在定义邻域之后，为每个字典原子计算一个单独的投影矩阵 P_j，从而得到相应的 HR 块。

"A +"方法提高了 ANR 性能和计算时间。"A +"方法基于 ANR 方法，但它进行完整的训练，而不是从字典中学习回归变量。在训练字典后，ANR 和其他稀疏编码方法不需要训练样本，而"A +"会针对训练样本池中的每个原子计算邻域，除投影矩阵的计算外，"A +"执行了 ANR 方法相同的步骤，投影矩阵的计算会将字典原子的邻域替换为包含 K 个训练样本的矩阵 S。由于投影矩阵是离线计算的，因此不会浪费在线时间。

（2）稀疏词典学习。稀疏字典方法通过构造 LR 和 HR 样本字典来完成图像超分辨过程。字典学习利用 LR 和 HR 块来创建原子集合，首先将 LR 图像分割为 LR 块，然后利用 LR 字典元素表示每个块，并利用其对应的 HR 元素获得恢复的 HR 图像。在 Yang 等的论文中，LR 块 x_i 表示为 LR 字典原子 D_l 的稀疏线性组合，通过使用其对应的 HR 原子 D_h 获得恢复的 HR 块 $\widehat{y_i}$，对于每个块 x_i，需要求解优化问题以找到最优稀疏码 α_i 值。

（3）内部学习。为了不依赖外部数据库，不少研究方法利用了跨尺度和空间维度的内部块相似性，从 LR 图像直接生成一组 LR 和 HR 图像。NLM 使用 L_2 范数对图像中每个位置非局部空间搜索相似块，并基于相似度进行加权求和。Yang 等利用了块跨尺度相似性，在输入的 LR 图像寻找相似块，将其 HR 副本复制到 HR 图像中的适当位置。高斯过程回归用于预测双三次插值图像中每个像素的近邻，此方法能够生成边缘清晰的 HR 图像。

3.1.3　图像超分辨求解的卷积神经网络模型

近年来，基于卷积神经网络 CNN 的方法已在图像分类、对象检测、人脸识别、图像字幕等计算机视觉领域取得优秀性能表现。在图像逆问题求解方面，CNN 已成功应用于重建 JPEG 压缩图像、图像超分辨率、图像去模糊、非盲图像反卷积等问题。基于 CNN 的图像重建的通用模型可以表示为：

$$\arg\min C(\boldsymbol{y},\ \widehat{\boldsymbol{y}})\,; \quad \text{s. t.}\ \boldsymbol{y} = F(\boldsymbol{x};\ \Theta) \qquad\qquad (3-3)$$

式中，$C(.)$ 是代价函数，用于估计恢复的图像和原始图像之间的接近程度；$F(.)$ 表示具有一组参数 Θ 的 CNN 网络。本节将介绍用于单图像超分辨 SISR 的卷积神经网络模型。

Dong 等提出的超分辨率卷积神经网络（Super – Resolution Convolutional Neural Network，SRCNN）被认为是 SISR 的卷积神经网络的基准架构。SRC-NN 是一个相对简单的网络，仅包含三层的卷积神经网络，如图 3 – 1 所示。

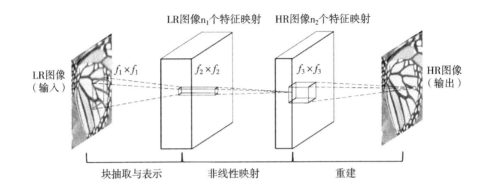

图 3 – 1　SRCNN 模型

  SRCNN 以端到端的方式学习 LR 和 HR 图像之间的映射，每层执行特定的非线性变换函数，这些函数包括：块抽取与表示、非线性映射和重建图像。与许多传统方法一样，SRCNN 模型在图像亮度分量上进行训练，每层的滤波器大小及特征映射的数量表示为：9×9（1×64）、5×5（64×32）、5×5（32×1）。为了优化 SRCNN，可以采用均方误差（MSE）作为损失函数。尽管 SRCNN 很简单，但它已经超越了其他传统方法，这可能归因于 CNN 使用大型数据集以端到端的方式学习有效表示的能力。但 SRCNN 也存在许多问题，SRCNN 利用双三次 LR 图像作为网络的输入，由于 SRCNN 使用插值作为输入，因此存在耗时、插值输入的平滑细节可能会影响最终的图像结构估计等缺陷，研究人员提出了许多不同的方法来解决这些问题并提高性能，例如：有研究者已经提出 CNN 架构直接使用 LR 输入并在 CNN 中对其进行上采样。

  Dong 等通过重新设计 SRCNN，提出快速超分辨卷积神经网络模型（Fast Super – Resolution Convolutional Neural Network，FSRCNN），他们使用了紧凑的沙漏形 CNN 架构。FSRCNN 仅在最后的映射层使用反卷积运算以提高 LR 图像的分辨率，从而减轻了计算负担。在 CNN 架构中，反卷积运算（或转置卷积）与卷积运算符（例如：滤波、池化）相反，前者实现上采样，而后者则用于下采样。Shi 等提出的 ESPCN 模型没有使用反卷积层，因为反卷积层明显地放大了 LR 特征映射，ESPCN 模型仅在网络末端使用有效的子像素卷积层（Sub-pixel convolution layer）隐式地学习 SR，ESPCN 模型如图 3-2 所示。

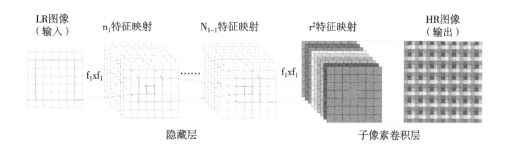

图 3-2　ESPCN 模型

SRCNN 模型仅包含三层，可以通过增加其宽度或深度以增加超分辨性能，从而形成了各种更深、更复杂的网络。Kim 等提出了一种用于 SISR 的深度网络，称为非常深超分辨率（Very Deep Super-Resolutio, VDSR）网络。VDSR 采用包含二十个卷积的 VGG 网络，滤波器大小为 3×3，如图 3-3 所示。

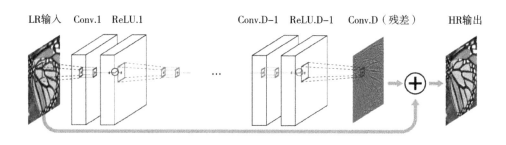

图 3-3　VDSR 模型

VDSR 模型采用双三次 LR 作为输入，由于 SRCNN 学习输入和 HR 之间的直接映射函数，而 VDSR 则学习插值 LR 输入到残差（输入与 HR 之间）的映射函数，从而进一步改善了性能。

由于 VDSR 模型的非线性映射部分的卷积核比较相似，因此 Kim 等又提出另一种称为深度递归卷积网络（Deeply – Recursive Convolutional Network, DRCN）的架构，通过递归卷积层替换了多层 VDSR，从而进一步减少了参数数目，如图 3 –4 所示。

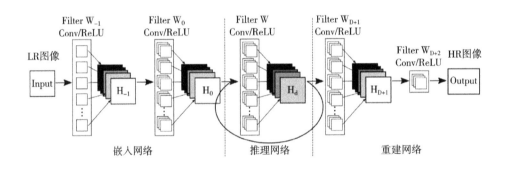

图 3 –4 DRCN 模型

Kim 等采用了不同的策略来克服训练 VDSR 和递归网络的困难，他们发现 DRCN 中的多监督训练至关重要，因为 DRCN 使用中间表示来重建中间 HR 输出。最终输出通过使用可训练的正值标量列表来融合所有中间 HR 输出。这一策略的缺点在于经过训练后，权值标量列表并不会因输入的不同而发生变化。

残差网络（Residual Networks，ResNet）是基于跳跃连接的深层次神经网络，在多项任务中均达到了最佳的性能。Ledig 等提出将 ResNet 用于单图像超分辨，并称之为 SRResNet。SRResNet 网络由 16 个残差单元组成，每个单元由两个非线性卷积组成，带有残差学习的批量归一化（Batch Normalization，BN），SRResNet 网络结构如图 3-5 所示。

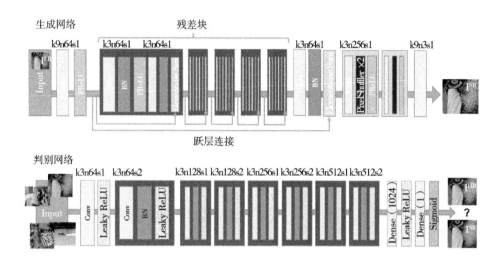

图 3-5　SRResNet 模型

Lee 等提出了一种增强的深度超分辨率网络（Enhanced Deep Super-Resolution，EDSR）。在重建任务中由于输入和输出之间存在很强的关系，Lee 等从 SRResNet 模型的残差单元中删除了用于归一化特征的批量归一化 BN 层，因为 BN 层会限制网络的灵活性，Lee 等指出在去除 BN 后，可以进一步提高性能。EDSR 网络的深度进一步增加，包含了 32 个残差块，每层具有 256 个特征映射，该网络总共包含 4300 万个参数，EDSR 的网络模型如图 3-6 所示。

近几年一些研究表明，使用更隐式信息可以显著提高 SISR 性能。模糊核和噪声是单图像超分辨问题的两个关键因素，Zhang 等考虑了利用这些因素，将结合退化映射的 LR 图像作为超分辨率网络的输入，以处理多种退化。在退化模型方面，他们采用各向异性高斯核作为模糊核，将加性高斯白噪声作为噪声模型。该模型使用了维数拉伸策略来生成退化映射，退化映射与 LR 图像之间的连接仅影响第一层，通过使用更深层次的架构，更深的层不会像第一层一样受到退化映射信息的影响。

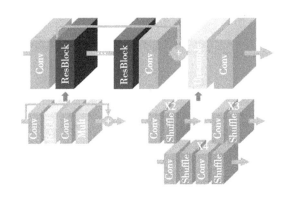

图 3 - 6　EDSR 模型

在图像逆问题任务（例如：去模糊、去噪和超分辨任务）中，先验能够重构算法以灵活处理各种逆问题。通用的退化模型如下：

$$\widehat{x} = \underset{x}{\mathrm{argmin}} \parallel y - Hx \parallel_2^2 + \lambda R(x) \tag{3-4}$$

式中，$\widehat{x}$ 是原始图像 x 的估计，$\parallel . \parallel_2$ 是欧式范数，$\parallel y - Hx \parallel_2^2$ 是指出原始图像与退化图像的差异性的数据保真项，$R(x)$ 是正则化项，λ 为正则化参数。

正则化也称为先验，即插即用方法（Plug - and - Play，P&P）提出将式（3 - 3）分为数据和先验两个部分，先验部分可以利用已有的去噪算法替代，以解决任何通用逆问题。深度神经网络 DNN 也可以被用作有效的去噪器，DNN 作为重建的预处理步骤。Zhang 等提出的 IRCNN 模型已经将上述思路用于去噪和 SISR 任务中。

由于超分辨问题求解也涉及图像去噪问题，下面介绍利用深度网络进行图像去噪的方法，这类方法主要分为多层感知机（MLP）和深度学习模型。Chen 和 Pock 提出了可训练的非线性反应扩散（Trainable Non – linear Reaction – Diffusion，TNRD）模型，TRND 是具有固定数量的梯度下降推理步骤的前馈深度网络。MLP 和 TNRD 模型性能可以与去噪算法 BM3D 相媲美。

Zhang 等提出前馈去噪卷积神经网络（Denoising Convolutional Neural Network，DnCNN），将残差学习用于学习映射函数 $\widehat{y} = F(x; \Theta_\sigma)$，利用批量归一化加速训练过程。DnCNN 模型是在噪声为 σ 的固定噪声图像上进行训练，完成训练的网络并不适用于其他噪声级别。快速灵活的去噪卷积神经网络（Fast and Flexible Denoising CNNs，FFDNet）通过引入新的 CNN 架构灵活地处理不同的噪声级别。FFDNet 模型可以表示为 $\widehat{y} = F(x, M; \Theta)$，其中 M 是以噪声图像 x 作为输入的噪声映射，对于不同的噪声级别，参数集合 Θ 保持不变，但是 FFDNet 学习过程的时间复杂度很高。

目前最先进的单图像超分辨求解的深度架构虽然实现了高性能，但是却具有大量参数，因此设计出参数更少、性能没有下降的轻量模型是研究的趋势。此外，具有未知退化模型的 SISR 被认为是 SR 任务面临的一项重大挑战，因为大多数深度学习算法都专注于从 LR 图像中获取估计的 HR 图像，而未考虑其他退化模型。此外，深度学习中的最大挑战是需要对深度架构以及这些架构的工作方式和原因进行理论分析，但到目前为止，学界仍只能将其视为黑匣子，而仅仅通过实际性能来评估某个模型是否成功。

3.2 超分辨率卷积神经网络 SRCNN

SRCNN 被认为是求解图像超分辨任务的第一种卷积神经网络模型，SRC-NN 直接学习 LR 和 HR 图像之间的端到端映射，SRCNN 以 LR 图像作为输入并生成 SR 图像的映射函数 F，其结构仅包含三层。尽管 SRCNN 是完全前馈的，但其最初的训练阶段需要很长时间（大约三天）。

3.2.1 SRCNN 架构

SRCNN 的架构是一个相对较小的网络，只有 8032 个参数，如图 3－1 所示。SRCNN 除了输入层和输出层外，还有两个隐藏层，其目标是学习映射函数 F，该函数执行三个操作：块提取与表示、非线性映射和重构。SRCNN 网络的结构描述如下：

（1）输入层。输入 x 是图像的二维表示：对于灰度图像（通道 Y），通道数 $c = 1$；对于彩色图像（YCbCr 通道），通道 $c = 3$。

$$F_0(\boldsymbol{x}) = \boldsymbol{x} \tag{3-5}$$

（2）块提取和表示。第一个卷积隐藏层从输入图像中提取重叠块，并将每个块表示为高维向量。使用 ReLU 作为激活函数 F_1，卷积核大小 $f_1 = 9$，特征映射数 $n_1 = 64$。

$$F_1(\boldsymbol{x}) = \max(0, \boldsymbol{W}^{(1)} * \boldsymbol{x} + \boldsymbol{b}^{(1)}) \tag{3-6}$$

式中，$\boldsymbol{W}^{(1)}$ 包含尺寸为 $c \times f_1 \times f_1$ 的 n_1 个滤波器，可输出 n_1 个特征映射；$\boldsymbol{b}^{(1)}$ 是 n_1 维偏置向量，其中每个元素都与一个卷积核相关；"$*$"表示卷积运算。

（3）非线性映射。第二个卷积隐藏层执行非线性映射，它将上一隐藏层的每个高维向量映射到另一个高维向量，这是高分辨率图像块的表示。ReLU 激活函数用于 $n_1 = 32$ 的特征映射，滤波器大小 $f_2 = 1$。

$$F_2(\boldsymbol{x}) = \max(0,\ \boldsymbol{W}^{(2)} * F_1(\boldsymbol{x}) + \boldsymbol{b}^{(2)}) \tag{3-7}$$

式中，$\boldsymbol{W}^{(2)}$ 包含尺寸为 $c \times f_2 \times f_2$ 的 n_2 个滤波器，生成 n_2 个特征映射；$\boldsymbol{b}^{(2)}$ 是 n_2 维偏置向量。

（4）重建操作。输出层执行图像重建操作，这是 SRCNN 网络中的最后一个操作，它是一个卷积层，通过聚集逐块表示来输出重建的高分辨图像。

$$F(\boldsymbol{x}) = \boldsymbol{W}^{(3)} * F_2(\boldsymbol{x}) + \boldsymbol{b}^{(3)} \tag{3-8}$$

式中，滤波器大小 $f_3 = 5$，$\boldsymbol{W}^{(3)}$ 包括尺寸为 $n_2 \times f_3 \times f_3$ 的 c 个滤波器；$\boldsymbol{b}^{(3)}$ 是 c 维偏置向量，它与图像通道数相关联。

最后，标准版本的 SRCNN 可以表示为（9-1-5）SRCNN，其结构也可以写为三层网络（滤波器大小）（特征映射数量）的形式：（9-1-5）（64-32-1）。

3.2.2　SRCNN 优化

He 等首先对滤波器的权值采用标准差为 0.001、偏差为 0 的正态分布进行初始化，偏置初始化为 0，学习率设置为 0.001。待学习网络参数 $\Theta = \{\boldsymbol{W}^{(1)},\ \boldsymbol{W}^{(2)},\ \boldsymbol{W}^{(3)},\ \boldsymbol{b}^{(1)},\ \boldsymbol{b}^{(2)},\ \boldsymbol{b}^{(3)}\}$，代价函数采用 MSE 函数 $C(\Theta)$ 来度量重构图像 $F(\boldsymbol{x},\ \Theta)$ 和原始图像之间的平方误差。

$$C(\Theta) = \frac{1}{m} \sum_{i=1}^{m} \| F(\boldsymbol{x}_i;\ \Theta) - \boldsymbol{y}_i \| \tag{3-9}$$

使用 Adam 算法来最小化代价函数，该函数用于优化网络以找到最佳权值，同时提高收敛速度。

3.2.3 计算时间

标准的 SRCNN 采用 Caffe 库实现，大约需要三天时间完成整个训练，具体时间取决于训练的轮次，轮次的增加会导致训练时间的增加。我们使用 Keras – 2（以 TensorFlow 作为后端）重新实现了 SRCNN，并进行代码更改。采用 Adam 优化可以使 SRCNN 训练的计算效率更高。Adam 具有自适应学习率和 RMS 传播的特性，计算效率很高。在使用 NVIDIA GTX 1080TI GPU 时，标准 SRCNN 的训练时间为 7.5 分钟。表 3 – 1 中给出了实验的软硬件配置。Dong 等指出（9 – 5 – 5）SRCNN 网络比（9 – 1 – 5）SRCNN 网络具有更好的性能，但要花费训练时间。当滤波器尺寸从（9 – 1 – 5）增加到（9 – 5 – 5）时，训练时间也会增加。在我们（9 – 5 – 5）SRCNN 网络的 Keras 实现中，训练时间约为 10 分钟。本章我们使用了（9 – 1 – 5）SRCNN。

表 3 – 1　不同软硬件环境下训练时间对比

设定	选项	SRCNN	SRCNN（Ours）
	CPU	Intel i7 3.1 GHz	Intel i7 3.70GHz
硬件配置	内存	16GB	16GB
	CPU	NVIDIA GTX 770	NVIDIA GTX 1080Ti
开发环境	开发平台	Caffe	TensorFlow
	优化算法	SGD	Adam
训练时间		3 天左右	7.5 分钟

3.3　特征增强超分辨卷积神经网络 FELSRCNN

直接架构或是跳跃架构可以将 CNN 表示为不同的结构。对于直接架构，图像从输入层到输出层依次通过各层进行传输，这种方法适用于低层图像处理的许多任务，通常会带来高性能。跳跃架构允许跳跃连接到不同处理路径的层，从而中断连续的数据流，连接、添加、减去等是主要几种归并操作，跳跃架构可以缓解深层次网络信息传播会出现的梯度消失和爆炸等问题。

本节提出了一种用于去模糊单图像超分辨任务的新的架构：特征增强超分辨率卷积神经网络（Feature Enhancement Layer Super Resolution Convolutional Neural Network，FELSRCNN），该架构基于 SRCNN 网络。SRCNN 使用一层来提取特征，包含 64 个特征映射，FELSRCNN 使用两层来获取特征，每层包含 32 个特征映射，其中第一层提取低层特征，第二层是从上一层得到增强的低层特征，第一层与第二层通过拼接操作进行合并。

3.3.1　FELSRCNN 架构

FELSRCNN 网络旨在学习端到端映射 F，该映射以模糊的 LR 图像 x 为输入，并直接输出去模糊的 HR 图像，该网络包括四个卷积层，除拼接层外，每个层均负责一项特定任务，如图 3 – 7 所示。

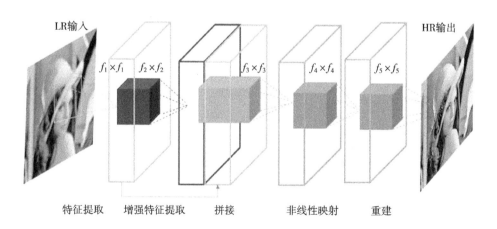

图 3 – 7　FELSRCNN 模型

FELSRCNN 网络包括五层，四个卷积层和拼接层，五层分别负责：特征提取、特征增强、合并前两层、非线性映射和最后重建。

FELSRCNN 网络具体描述如下：

（1）第一层：该层为特征提取层，负责提取底层特征，它包含 32 个特征映射（或 32 个滤波器），滤波器尺寸为 9×9。

（2）第二层：该层为特征增强层，负责对第一层的输出特征提供增强功能，它包含 32 个具有 5×5 滤波器大小的特征映射。

（3）第三层：该层为拼接层，它将前两层合并以形成一个新层，该层将低级特征功能和增强特征功能结合在一起，将生成具有低级特征和增强特征的合并向量。根据合并过程，拼接层包含 64 个特征映射或 32 个特征映射。有多种对输入特征映射归并的操作，包括：求和、最大值、减法、平均、乘法和级联。所有这些操作都可以接收相同大小的输入，但是串联操作会合并所有输入，从而允许不同大小的输入。从实验结果来看，串联操作的性能更为出色。

（4）第四层：该层执行非线性映射操作，包含 32 个具有 5×5 滤波器大小的特征映射。

（5）第五层：最后一层为重建层，它重建并输出 HR 图像。重建层包含大小为 5×5 的 c 个滤波器，其中 c 与图像通道数关联，对于灰度图像 $c = 1$。

FELSRCNN 各层的具体计算如下：

$$F_0(\boldsymbol{x}) = \boldsymbol{x} \tag{3-10}$$

$$F_i(\boldsymbol{x}) = \max(0, \boldsymbol{W}^{(i)} * F_{i-1}(\boldsymbol{x}) + \boldsymbol{b}^{(i)}) \quad i \in \{1, 2, 4\} \tag{3-11}$$

$$F_{1,2}(\boldsymbol{x}) = \mathrm{merge}(F_1(\boldsymbol{x}), F_2(\boldsymbol{x})) \tag{3-12}$$

$$F_3(\boldsymbol{x}) = \max(0, \boldsymbol{W}^{(3)} * F_{1,2}(\boldsymbol{x}) + \boldsymbol{b}^{(3)}) \tag{3-13}$$

$$F(\boldsymbol{x}) = \boldsymbol{W}^{(5)} * F_4(\boldsymbol{x}) + \boldsymbol{b}^{(5)} \tag{3-14}$$

式中，$W^{(i)}$ 和 $b^{(i)}$ 是第 i 层的滤波器和偏置。$W^{(i)}$ 包括 n_i 个的 $n_{i-1} \times f_i \times f_i$ 滤波器，其中 n_i 是滤波器的数量（即特征映射的数量），n_0 表示输入图像中的通道数。$F_i(x)$ 是输出特征映射，$F_{i-1}(x)$ 是输入特征映射。$F_{1,2}(x)$ 是合并操作。$F(x)$ 是重构的输出图像，其大小与输入图像相同。

综上所述，各层的特征映射数量（滤波器大小）表示为：32（9）、32（5）、32（5）、32（5）、1（5），为简化起见记作：（32 - 32 - 32 - 32 - 1）（9 - 5 - 5 - 5 - 5）。

3.3.2　FELSRCNN 优化

每层滤波器权值的初始化采用 He 等所述的初始化方法，将 ReLU 作为激活函数。偏置初始化为 0，学习率设置为 0.001。所有实验训练 60 个轮次（epoch），批量大小设为 64。网络待学习参数 $\Theta = \{W^{(1)}, W^{(2)}, W^{(3)}, W^{(4)}, W^{(5)}, b^{(1)}, b^{(2)}, b^{(3)}, b^{(4)}, b^{(5)}\}$，网络学习通过重建 SR 图像 $F(x, \Theta)$ 与原始 HR 图像之间的代价函数最小化来实现，MSE 函数 $C(\Theta)$ 用作用于度量重构图像和原始图像之间的平方误差。使用 Adam 算法来最小化代价函数，在找到最佳权值的同时也提高了收敛速度。

3.4　多层特征增强超分辨卷积神经网络架构 MFELSRCNN

对于图像超分辨这类复杂应用，一个特征提取层只具有有限的特征提取能力，增加特征提取层的数目可以提高抑制特征模糊（噪点）的能力。为进一步提升图像超分辨的性能，本书提出在 FELSRCNN 的拼接层之后增加三个特征增强层，创建层次更深、更高效的网络，称之为多层特征增强超分辨卷积神经网络架构（More Feature Enhancement Layers SRCNN, MFELSRCNN）。

3.4.1 MFELSRCNN 架构

MFELSRCNN 架构如图 3 – 8 所示，该网络架构由八层组成，其中的五层与 FELSRCNN 保持一致。第一层之后的第一个特征增强层用于从提取的噪声特征中提取到新特征，使用拼接层将两者特征归并在一起。FELSRCNN 对这些特征直接映射，而 MFELSRCNN 将这些特征再经过三层进一步处理后再映射。

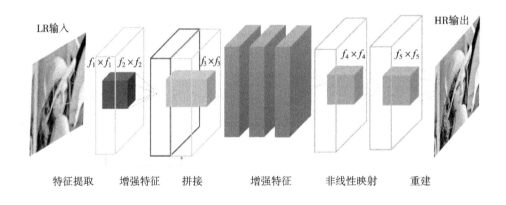

图 3 – 8　MFELSRCNN 模型

MFELSRCNN 网络各层包括 FELSRCNN 的五个卷积层，以及在拼接层之后插入的三个额外的增强层。

MFELSRCNN 网络操作具体描述如下：

$$F_0(\boldsymbol{x}) = \boldsymbol{x} \tag{3-15}$$

$$F_i(\boldsymbol{x}) = \max(0,\ \boldsymbol{W}^{(i)} * F_{i-1}(\boldsymbol{x}) + \boldsymbol{b}^{(i)})\, i \in \{1,\ 2,\ 4,\ 5,\ 6,\ 7\} \qquad (3-16)$$

$$F_{1,2}(\boldsymbol{x}) = merge(F_1(\boldsymbol{x}),\ F_2(\boldsymbol{x})) \qquad\qquad\qquad (3-17)$$

$$F_3(\boldsymbol{x}) = \max(0,\ \boldsymbol{W}^{(3)} * F_{1,2}(\boldsymbol{x}) + \boldsymbol{b}^{(3)}) \qquad\qquad (3-18)$$

$$F(\boldsymbol{x}) = \boldsymbol{W}^{(8)} * F_7(\boldsymbol{x}) + \boldsymbol{b}^{(8)} \qquad\qquad\qquad (3-19)$$

上式中 $\boldsymbol{W}^{(i)}$ 和 $\boldsymbol{b}^{(i)}$ 是第 i 层的滤波器和偏置。$\boldsymbol{W}^{(i)}$ 包括 n_i 个的 $n_{i-1} \times f_i \times f_i$ 滤波器，其中 n_i 是滤波器的数量（即特征映射的数量），n_0 是输入图像中的通道数。$F_i(\boldsymbol{x})$ 是输出特征映射，$F_{i-1}(\boldsymbol{x})$ 是输入特征映射。$F_{1,2}(\boldsymbol{x})$ 是拼接操作。$F(\boldsymbol{x})$ 是重构的输出图像，其大小与输入图像相同。MFELSRC-NN 网络结构简单表示为：$(64-32-32-32-32-32-32-32-1)$ $(9-5-5-5-5-5-5-5)$。

3.4.2　MFELSRCNN 优化

考虑集合 $\{\boldsymbol{y}_i,\ \boldsymbol{x}_i\}_{i=1}^{m}$，其中 $\boldsymbol{y}$ 是高分辨率图像，$\boldsymbol{x}$ 是其对应的插值模糊低分辨率图像。均方误差函数用作代价函数，以找到模型的最佳参数 Θ。MFELSRCNN 网络学习通过重建 SR 图像 $F(\boldsymbol{x},\ \Theta)$ 与原始 HR 图像之间的代价函数最小化来实现。

网络参数 $\Theta = \{\boldsymbol{W}^{(1)},\ \boldsymbol{W}^{(2)},\ \cdots,\ \boldsymbol{W}^{(8)},\ \boldsymbol{b}^{(1)},\ \boldsymbol{b}^{(2)},\ \cdots,\ \boldsymbol{b}^{(8)}\}$。与 FELSRCNN 相似，MFELSRCNN 使用 Adam 优化算法来最小化代价函数，采用整流线性单位（ReLU）作为激活函数。

上述 FELSRCNN 与 MFELSRCNN 模型目标是通过学习端到端映射从模糊的低分辨率图像中恢复清晰的高分辨率图像。下节将对这两种模型的性能进行评估。

3.5 性能评估

3.5.1 实验相关设置

最初的 SRCNN 的训练数据集采用了 Yang 等的 91 张图像，这个数据集是相对较小的数据集，SRCNN 总体属于小模型，91 张图像已经捕获了自然图像的足够可变性，因此该数据集足以训练 SRCNN 模型。Dong 等认为通过训练更大的数据集可以提高深度学习的性能，他们使用 ILSVRC 2013 ImageNet 的 395909 张图像来训练 SRCNN。要结合大型数据集（例如 ImageNet）进行训练学习，就需要一个具有较大学习能力的模型。VDSR 模型是具有二十层的大型网络，其使用了 291 张图像作为训练集合：91 张来自 Yang 等的数据集，200 张来自 Berkeley Segmentation Dataset（BSD）数据集。

在大量数据上对深度神经网络进行训练有助于避免过拟合问题，并且借助图像变换技术，可以创建更多的训练数据。在实验中，我们使用裁剪、翻转和旋转等方法来增加原始图像的数目，我们训练了不同的网络（SRCNN、FELSRCNN、MFELSRCNN），因此将各种训练数据集与数据扩充方法结合使用。

对于 SRCNN 和 FELSRCNN 模型，由于网络规模不大，我们采用 Yang 等的 91 张图像作为训练集。为了充分利用可用数据，我们采用数据增强策略：对高分辨训练图像集合随机裁剪（步长为 14）得到 $f_{sub} \times f_{sub} \times c$ 像素子图像集合，$f_{sub} \times f_{sub}$ 是像素数目，c 为通道数。实验中设置 $f_{sub} = 33$，91 张图像共生成了 21824 张训练子图像。

MFELSRCNN 模型训练使用了 291 张图像，并通过数据增强技术（翻转和旋转）生成了总共 2328 张图像，然后将这些训练图像随机裁剪（步长为21）得到大小为 $f_{sub}=31$ 的 573632 张子图像集合。对于 MFELSRCNN，花了18 个小时训练了 60 个轮次。

在测试阶段，采用 Set5（5 张图像）和 Set14（14 张图像）作为测试数据集。模型在子图像集合上训练，而推理则在整个图像上进行，每次测试实验均运行五次并取平均值。

根据图像超分辨的退化模型，可以生成用于训练和测试的单个模糊 LR 图像 x_i，如图 3-9 所示。

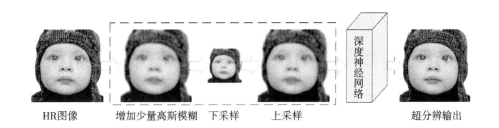

HR图像　　增加少量高斯模糊　　下采样　　上采样　　深度神经网络　　　超分辨输出

图 3-9　超分辨训练过程示例

首先，使用高斯滤波器根据 HR 图像创建模糊的 LR 图像，并使用模糊水平为 σ 的高斯模糊 $N(0, \sigma)$ 对 HR 图像进行平滑处理；其次，使用缩放因子（例如 $s=3$）对模糊图像进行下采样，使用双三次插值法将模糊 LR 图像使用缩放因子放大到 HR 分辨率尺寸。得到的退化的图像用作网络的输入，网络产生的重建 SR 图像应与 HR 图像尽可能相似。本实验使用的缩放因子 $s=2$、3、4。

对于彩色图像，有三种主要策略可以执行超分辨方法：

（1）在输入彩色图像的颜色通道上分别执行超分辨过程，然后将它们合并为彩色图像。

（2）扩展深度架构中的层的尺寸（$c=3$）用统一的方式处理所有三个通道。

（3）由于人类视觉对图像亮度差异的感知度要比对色彩变化更为准确，因此，可以将彩色图像转换到 YCbCr 色彩空间，仅在亮度通道 Y（$c=1$）上执行超分辨算法过程；色度分量 Cb 和 Cr 则通过双三次插值法按比例放大；最后将所有（Y，Cb，Cr）通道再次合并以产生输出图像。本实验中采用了第三种策略。

以 dB 为单位的峰值信噪比（PSNR）度量标准广泛用于定量评估图像复原的质量。PSNR 度量与网络的优化器（MSE 作为代价函数）有关，MSE 和 PSNR 之间存在负相关。本实验将 PSNR 用作评估网络性能的指标，将结构相似性指标度量（SSIM）用作评估模型性能的另一指标。

3.5.2　实验结果

实验首先测试了在不加入模糊情况下的图像超分辨实验结果。所提出的模型 FELSRCNN、MFELSRCNN 与 SRCNN、LapSRN、SRMD 等方法进行了对比，表 3 - 2 给出 PSNR 和 SSIM 的实验结果对比。与对比方法相比，我们的模型具有良好的性能，并且参数数量相对较少。MFELSRCNN 的参数比 LapSRN 和 SRMD 少得多，但性能却与这两个模型接近。MFELSRCNN 模型的结果优于 SRCNN 和 FELSRCNN 获得的结果，这是通过在 FELSRCNN 模型中添加更多层以增强映射前的低层特征来实现的。

加入不同模糊度的图像超分辨问题，考虑非盲场景和盲场景两种不同的场景。非盲场景对应于在相同 σ（$\sigma=1,2,3,4$）的 $N(0,\sigma)$ 模糊图像上训练和测试网络。在盲场景情况下 σ 在 [0.5，3]、[1，3]、[1，4] 三

个区间范围的 N（0，σ）模糊图像上训练。如表 3 - 3、表 3 - 4 所示，从 Set5 和 Set12 集合上的定量结果（PSNR/SSIM）可以看出，无论是在非盲场景还是盲场景中，MFELSRCNN 都比 SRCNN 和 FELSRCNN 图像质量更高，这一性能提升得益于：增加的特征增强层有可能得到了噪声更少更纯粹的特征。盲场景情况下 σ = ［1，4］区间训练的 FELSRCNN 和 MFELSRCNN 模型，性能要弱于 σ = ［1，3］上训练的模型，这是由于更大范围的随机模糊性带来了超分辨性能的下降。图像超分辨结果的视觉质量对比如图 3 - 10、图 3 - 11 所示，在图像还原细节上，MFELSRCNN 要比 FELSRCNN、SRCNN 更为优秀。

表 3 - 2　σ = 0 情况下 Set5 及 Set12 数据集上不同模型超分辨性能对比

数据集	s	LR 输入	SRCNN	LapSRN	SRMD	FELSRCNN	MFELSRCNN
Set5	2	33.66/0.930	35.68/0.948	37.52/0.959	37.53/0.959	36.26/0.950	37.26/0.959
	3	30.40/0.868	31.95/0.845	33.82/0.922	33.86/0.923	32.62/0.909	33.29/0.919
	4	28.42/0.810	29.79/0.844	31.54/0.885	31.59/0.887	30.26/0.856	30.89/0.878
Set12	2	30.24/0.869	31.74/0.899	33.08/0.913	33.12/0.914	32.12/0.904	32.87/0.913
	3	27.54/0.774	28.67/0.806	29.89/0.834	29.84/0.833	29.13/0.818	29.58/0.829
	4	25.99/0.703	27.00/0.735	28.19/0.772	28.15/0.772	27.31/0.747	27.73/0.763
参数数量			0.8 万	81 万	147 万	10 万	23 万

表 3 - 3　缩放因子 s = 3 不同模糊度的非盲场景超分辨各模型性能对比

数据集	σ	LR 输入	SRCNN	FELSRCNN	MFELSRCNN
Set5	σ = 1	29.47/0.847	31.55/0.892	32.67/0.908	33.26/0.918
	σ = 2	27.45/0.789	30.29/0.873	32.66/0.899	33.06/0.916
	σ = 3	25.65/0.724	29.03/0.819	30.49/0.859	31.36/0.840
	σ = 4	24.33/0.672	27.36/0.763	28.71/0.805	29.85/0.842
Set12	σ = 1	26.86/0.745	28.40/0.805	29.12/0.819	29.58/0.828
	σ = 2	25.37/0.679	27.41/0.780	29.81/0.809	29.49/0.826
	σ = 3	24.04/0.671	26.33/0.712	27.51/0.754	28.02/0.785
	σ = 4	23.05/0.574	25.19/0.659	26.29/0.699	27.08/0.745

表 3 - 4　缩放因子 s = 3 不同模糊度的盲场景超分辨各模型性能对比

数据集	σ	LR 输入	FELSRCNN $\sigma\in[1,3]$	FELSRCNN $\sigma\in[1,4]$	MFELSRCNN $\sigma\in[1,3]$	MFELSRCNN $\sigma\in[0.5,3]$	MFELSRCNN $\sigma\in[1,4]$
Set5	$\sigma=1$	29.47/0.847	31.26/0.889	30.86/0.883	31.52/0.899	32.61/0.911	31.49/0.901
	$\sigma=2$	27.45/0.789	30.16/0.885	30.09/0.863	31.52/0.898	31.79/0.901	31.28/0.895
	$\sigma=3$	25.65/0.724	29.53/0.842	28.42/0.821	31.03/0.879	31.68/0.887	30.16/0.869
	$\sigma=4$	24.33/0.672	26.29/0.747	27.73/0.783	26.31/0.748	26.35/0.747	29.03/0.823
Set12	$\sigma=1$	26.86/0.745	28.40/0.806	28.11/0.799	28.71/0.817	29.12/0.822	28.67/0.817
	$\sigma=2$	25.37/0.679	27.45/0.766	27.29/0.759	28.53/0.801	28.82/0.814	28.43/0.799
	$\sigma=3$	24.04/0.671	26.69/0.723	26.01/0.711	27.81/0.771	28.31/0.789	27.40/0.766
	$\sigma=4$	23.05/0.574	24.56/0.636	25.47/0.669	24.62/0.645	24.68/0.649	28.66/0.724

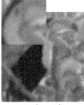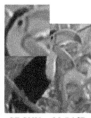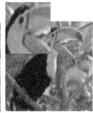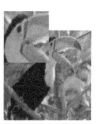

Original HR　　　LR（σ=3）　　　SRCNN：30.74dB　　FELSRCNN：32.22dB　　MFELSRCNN：33.35dB

图 3 - 10　σ = 3 情况下的非盲场景超分辨视觉质量对比

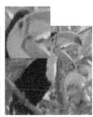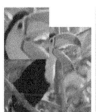

Original HR　　　LR（σ=3）　　FELSRCNN：31.45　　MFELSRCNN：31.45dB　MFELSRCNN：33.98dB
　　　　　　　　　　　　　　　（$\sigma\in[1,3]$）　　　（$\sigma\in[1,3]$）　　　（$\sigma\in[0.5,3]$）

图 3 - 11　盲场景超分辨视觉质量结果对比

　　我们采用 Zhang 等提出的对比方法，对 Set5 数据集采用 $\sigma=0.2$、$\sigma=$
1.3、$\sigma=2.6$ 高斯模糊，将 MFELSRCNN 与 VDSR、SRMD 和 IRCNN 在缩放
因子 s = 3 情况下进行对比，如表 3 - 5 所示。VDSR 模型在 291 张图像上进行

训练。IRCNN 采用了更庞大的训练数据集，包括：ImageNet 数据库验证集中选择的 400 张图像、WED 数据库的 4744 张图像、400 张 BSD 图像。SRMD 网络的训练数据集包括：DIV2K 数据集的 800 个训练图像、WED 数据库的 4744 张图像和 400 张 BSD 图像。

表 3-5 缩放因子 s = 3 不同模糊核下各模型超分辨性能对比

数据集	σ	LR 输入	IRCNN	SRMD	VDSR	MFELSRCNN
Set5	$\sigma = 0.2$	30.39/0.868	33.39/0.939	33.86/0.923	33.67/0.921	31.75/0.902
	$\sigma = 1.3$	28.84/0.831	33.31/0.919	33.77/0.922	30.24/ –	32.73/0.912
	$\sigma = 2.6$	26.17/0.744	31.48/0.862	32.59/0.900	26.31/ –	31.88/0.899

从实验结果可知，当假定的退化模型与真实的退化情况不同时，VDSR 的性能下降将严重，因为 VDSR 模型仅由 LR 的双三次退化而设计。与其他模型相比，MFELSRCNN 的参数数目最少，但客观度量指标相当。视觉观感对比结果如图 3-12 所示，从图可以观察到，MFELSRCNN 模型具有与 PSNR 性能最好的 SRMD 可媲美的视觉质量。

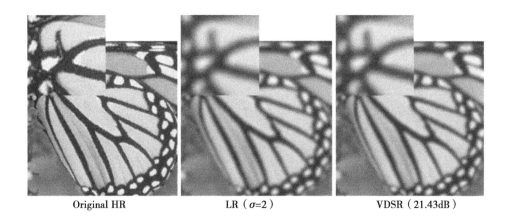

Original HR   LR（σ=2）   VDSR（21.43dB）

图 3-12 不同网络模型超分辨视觉质量对比

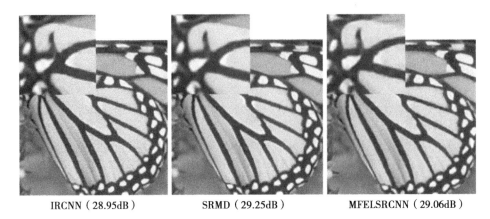

| IRCNN（28.95dB） | SRMD（29.25dB） | MFELSRCNN（29.06dB） |

图 3-12　不同网络模型超分辨视觉质量对比（续）

3.6　本章小结

超分辨率卷积神经网络 SRCNN 已经能够较好地从 LR 图像恢复 SR 图像，但是图像中的模糊、噪声程度越高，复原效果越差。笔者注意到在 SRCNN 网络中使用第一层提取的低级特征仍然是模糊的，这导致 SRCNN 模型在处理模糊图像超分辨任务方面并不理想。本章提出一种新的 FELSRCNN 网络架构，该架构通过使用连接操作增强特征提取能力。为进一步提升性能，对 FELSRCNN 进行扩展，本书提出了 MFELSRCNN 模型，通过增加卷积层增强了特征提取的能力。从与最新的深度学习（例如 VDSR、LapSRN 和 SRMD）和基于模型的方法（例如 IRCNN）的对比来看，本书所提出的模型在模糊图像超分辨率求解方面具有更为优秀的性能。重要的是，MFELSRCNN 的参数相比对比模型的参数要少得多：SRMD 模型包含 147 万个参数，LapSRN 具有 81 万参数，而 MFELSRCNN 只有 23 万个参数。

下一章将从图像全局先验建模角度对基于深度生成式模型的图像逆问题求解进行研究。

第 4 章　基于深度生成式先验
模型的图像逆问题求解

　　本章将关注近几年在学习复杂和多模态数据分布表示方面取得重大进展的深度生成式模型，研究基于深度生成式全局图像先验的图像逆问题求解方法，尽管此领域已经取得了一些实验上的成功，但关于从输入隐空间到高维空间的逆映射的理论研究相对较少，与广泛认可的实验结果相比，学术界对深度生成式模型的理论理解仍然有限。

　　本章将首先探讨浅层反卷积生成式网络能够高概率可逆问题，通过使用一阶算法（如：梯度下降）最小化损失函数，可以有效从生成式网络的可逆恢复隐编码；其次在这一理论基础上，针对目前基于深度生成式图像先验的图像重建方法在生成式网络模型失配情况下复原图像产生伪像、保真度不够理想的问题，提出一种新的基于深度生成式先验的图像逆问题求解算法，该算法具有扩展深度生成式网络表示范围的能力。将本书所提出的算法在压缩感知和图像修复等非盲复原任务、盲图像去模糊任务中进行了实验，相比传统方法取得了更优秀的复原保真度。

4.1　引言

深度生成式模型（本章后文简称为"生成式模型"）包括变分自动编码器、生成对抗网络等，其已成功用于建模数据分布中。通常，生成式模型学习从低维向量 $z \in \mathbb{R}^{k}$ 到高维空间 $\mathbb{R}^{n}$ 的映射 G，生成式模型的这一映射网络也被称作生成器或是生成式网络。生成式模型凭借其有效建模高维分布的能力，已经能够使用无监督方法求解图像逆问题。

将生成式模型用于图像重建任务是近几年研究的热点，这类方法一般是通过已经完成训练的生成式模型先验来对图像逆问题求解问题进行正则约束，将图像映射到生成器的范围，通过隐空间优化过程来求解图像逆问题。

Bora 等使用预先训练的生成式模型 G 求解压缩感知问题，假设未知信号 x 是该模型的输出，从压缩测量 y 中恢复 x 的估计 $\widehat{x}$，并假设 $\widehat{x}$ 在 G 的范围内，其优化问题为：

$$\min_{\widehat{x},z} \| A\,\widehat{x} - y \|_{2}^{2} \quad s.t. \quad \widehat{x} = G(z) \tag{4-1}$$

式中，$G\,(z): \mathbb{R}^{k} \to \mathbb{R}^{n}$ 表示从低维向量 $z \in \mathbb{R}^{k}$ 到高维空间 $\mathbb{R}^{n}$ 映射的预训练的生成式模型，$y \in \mathbb{R}^{m}$ 表示观测度量，$\widehat{x} \in \mathbb{R}^{n}$ 表示待复原的图像。A 表示度量矩阵，特别当 A 是随机高斯矩阵时，如果 $\widehat{z}$ 使得 $\|AG\,(z)\, - y\|_{2}$ 最小化（ε 偏差），那么对于所有 x，将以高概率满足：

$$\| G(\widehat{z}) - x \|_{2} \leqslant 6 \min_{z} \| G(z) - x \|_{2} + 3\,\| \zeta \|_{2} + 2\varepsilon \tag{4-2}$$

从式（4-2）可以看出，利用深度生成式模型求解压缩感知问题，除了噪声、投影精度，观测重建误差的上限主要受到生成器范围内任何向量的最小误差的限制，这个上限取决于 G 表达未知信号 x 的能力。

Yeh 等首次提出投影梯度下降（Projected Gradient Descent，PGD）方法，将图像样本投影到预训练生成式模型的隐空间上，以语义方式来求解图像修复问题。Donahue 等提出 x 的输入空间和 z 的隐空间之间的逆映射通过在对抗环境下通过生成器进行联合学习得到。

在深度生成式模型先验中，生成对抗网络 GAN 凭借其有效建模高维分布的能力，成为使用无监督方法求解各种图像逆问题的首选。GAN 框架中，在对抗环境中同时训练两个模型：建模数据分布的生成模型 G 以及判定输入是来自真实数据还是人工创建的判别器 D。MimicGAN 采用 GAN 图像先验以无监督的方式来求解通用的图像逆问题，系统在不需要监督训练的情况下，通过代理网络可学习建模退化过程，估计退化过程和清晰图像。AmbientGAN 允许在给定损失度量的情况下在原始空间中获得 GAN 先验，这对于即使在没有清晰图像时获得 GAN 是有用的。

下面证明，在满足特定条件训练 GAN 生成器 G 时，式（4 - 2）的误差项的期望值将收敛于 0。

定理 4.1　令 G_t 是经过 t 轮训练后的 GAN 生成器，假定：

（1）G 和 D 具有充分表达数据的能力。

（2）每轮更新在给定 G 时，D 能够达到最优解。

（3）每轮更新时，G 能够改进 GAN 的 min - max 损失值。

假定训练样本 x 来自具有紧致支持集的连续分布，则有：

$$\lim_{t \to \infty} \mathbb{E}_x [\min_z \| G_t(z) - x \|_2] = 0 \tag{4-3}$$

证明：令 $g_t(x)$ 是 $G_t(z)$ 的概率密度函数（下标 t 表示 GAN 第 t 轮训练的结果），x 的概率密度函数为 $f(x)$。根据 Goodfellow 等文献中的命题 2，$g_t(x)$ 在 x 中逐点收敛到 $f(x)$。通过假设 $f(x)$ 有支撑集 $\mathcal{X}$，即 $\mu(\mathcal{X})$ 是有限的，其中 $\mu(\cdot)$ 是勒贝格测度。注意到 $\mathcal{X}$ 具有有界支撑的假设是合理的，特别是对于像素值通常有界的计算机视觉任务(例如：在[0，255]中)。

根据叶果洛夫定理，对于所有 $\varepsilon > 0$，存在集合 $B \subseteq \mathcal{X}$，使得在 $\mathcal{X} \setminus B$ 上 $\mu(B) < \varepsilon$ 以及 $g_t(\boldsymbol{x})$ 均匀地收敛到 $f(\boldsymbol{x})$。对于所有 $\boldsymbol{x} \in \mathcal{X} \setminus B$ 和所有 ν，存在 t_0，对于所有 $t \geq t_0$，有 $|g_t(\boldsymbol{x}) - f(\boldsymbol{x})| < \nu$。对于 $x \in \mathcal{X} \setminus B$，$g_t(\boldsymbol{x}) = 0$ 意味着 $f(\boldsymbol{x}) < \nu$。另外，$g_t(\boldsymbol{x}) > 0$ 说明存在 z，使得 $G_t(z) = \boldsymbol{x}$，即 $\min_z \| \boldsymbol{x} - G_t(z) \|_2 = 0$。

令 $\mathcal{X}_\nu = \{ \boldsymbol{x} \in \mathcal{X} \mid f(\boldsymbol{x}) \leq \nu \}$，$\{ \boldsymbol{x} \in \mathcal{X} \setminus B \mid g_t(\boldsymbol{x}) = 0 \} \subseteq \mathcal{X}_\nu$，那么对于所有 ε，$\nu > 0$ 和 $t \geq t_0$ 有：

$$\mathbb{E}_x \left[\min_z \| G_t(z) - \boldsymbol{x} \|_2 \right] \leq \int_B \min_z \| G_t(z) - \boldsymbol{x} \|_2 f(x) \mathrm{d}x + \int_{X_\nu} \min_z \| G_t(z) - x \|_2 f(x) \mathrm{d}x$$

$$+ \int_{\mathcal{X} \setminus (B \cup \mathcal{X}_\nu)} \min_z \| G_t(z) - \boldsymbol{x} \|_2 f(x) \mathrm{d}x \qquad (4-4)$$

$$\leq \int_B \min_z \| G_t(z) - \boldsymbol{x} \|_2 \mathrm{d}x + \nu \int_{X_\nu} \min_z \| G_t(z) - \boldsymbol{x} \|_2 \mathrm{d}\boldsymbol{x}$$

$$\qquad (4-5)$$

$$\leq \mu(B) \sup_{x \in B} \min_z \| G_t(z) - \boldsymbol{x} \|_2 + \nu \mu(\mathcal{X}_\nu)$$

$$\sup_{x \in X_\nu} \min_z \| G_t(z) - \boldsymbol{x} \|_2 \qquad (4-6)$$

$$\leq (\mu(B) + \nu \mu(\mathcal{X}_\nu)) \sup_{x \in \mathcal{X}} \min_z \| G_t(z) - \boldsymbol{x} \|_2$$

$$\qquad (4-7)$$

$$\leq (\mu(B) + \nu \mu(\mathcal{X}_\nu)) \max_{x \in \mathcal{X}} \min_z \| G_t(z) - \boldsymbol{x} \|_2$$

$$\qquad (4-8)$$

$$\leq C(\varepsilon + \nu \mu(\mathcal{X})) \qquad (4-9)$$

式中，C 为正值常量。

式(4-5)利用对于 $\boldsymbol{x} \in \mathcal{X}$，有 $f(\boldsymbol{x}) \leq 1$；而 $\boldsymbol{x} \in \mathcal{X}_\nu$ 时，有 $f(\boldsymbol{x}) \leq \nu$；对于 $\boldsymbol{x} \in \mathcal{X} \setminus (B \cup \mathcal{X}_\nu)$ 时，有 $\min_z \| \boldsymbol{x} - G_t(z) \|_2 = 0$。因为 $\mathcal{X}$ 是紧致的，所以使用极值定理可以得到式(4-8)。

为了证明式（4-9），有：

$$\max_{x \in \mathcal{X}} \min_{z} \| G_t(z) - x \|_2 \leq \min_{z} \max_{x \in \mathcal{X}} \| G_t(z) - x \|_2 \tag{4-10}$$

$$\leq \max_{x \in X} \| G_t(\overline{z}) - x \|_2 \tag{4-11}$$

$$= C \tag{4-12}$$

式（4-10）利用了 max-min 不等式的结论；在式（4-11）中，$\overline{z}$ 满足 $G_t(\overline{z}) \in \mathcal{X}$，这样的 $\overline{z}$ 对于 $t \geq t_0$ 是存在的；式（4-12）成立是因为 $\mathcal{X}$ 是紧致的。

由于 $\sup_{t \geq t_0} \max_{x \in X} \min_{z} \| G_t(z) - x \|_2 \leq C$，$\mu(\mathcal{X})$ 是有限正值常量，对于任意的 $\varepsilon, \nu > 0$，式（4-9）是满足的。定理 4.1 得证。

定理 4.1 表明式（4-2）的右式的值实际上很小的，但是定理 4.1 的条件在实践中过于严格。例如：假设在对抗训练的每一轮更新时，在给定 G 的情况下，判别器 D 被要求达到最佳值，这在数值上通常是不可行的。因此，$\| G_t(\widehat{z}) - x \|_2$ 的收敛无法在计算上实现，即生成器范围的表示误差在所难免，本章 4.4 节将提出扩展生成式网络范围的图像逆问题求解算法，以期缓解表示误差，得到保真度高的复原结果。在提出该算法之前，首先在 4.2 节研究生成式模型中常用的反卷积网络结构下隐向量求解的理论问题；其次在 4.3 节中将对生成式网络范围内图像逆问题求解的两个主流方法 CSGM 和 PGD 进行分析，并证明在目标函数满足受限强凸/受限强平滑条件下，PGD 算法是收敛的；最后结合 CSGM 和 PGD 算法的思想，提出新的扩展生成式网络范围的图像逆问题求解算法，并将算法应用于压缩感知和图像修复等非盲复原任务以及盲图像去模糊任务中。

4.2 生成式网络隐向量求解分析

生成式模型在学习复杂和多模态数据分布（例如：自然图像）的表示方面取得了重大进展，尽管取得了实验上的成功，但有关从输入隐空间到高维空间的逆映射本身的理论分析相对较少。深度生成模型通常使用反卷积（Deconvolution），本节将反卷积的生成式网络模型简称为反卷积生成模型。本节要解决以下问题：给定反卷积生成式网络，是否可以对输出图像"解码"恢复相应的隐编码？即对反卷积生成模型的可逆性进行研究。这项工作是基于深度生成式先验进行图像逆问题求解的理论基础。

生成式网络逆问题求解的主要困难在于该问题是高度非凸的，因此通常在计算上难以处理并且没有最优性保证。然而本节经过研究表明，尽管该问题高度非凸，生成式网络逆操作仍可以有效地求解，通过利用简单的一阶算法（例如：随机梯度下降），可以保证复原隐编码。

Bora 等根据实验发现，使用基于标准梯度的优化器求解这一非凸问题实现了从少量高斯随机测量中获得良好的重建结果，他们还对具有特定结构的生成式网络的全局最小化进行了理论分析，但是他们的工作并没有分析如何找到全局最小值。Hand 等研究一个全连接的生成式网络，该网络的权值服从高斯分布，仅给出其最后一层的压缩线性观测值即可将其求逆，他们表明在温和的技术条件下，该问题具有有利的全局几何形状，在最优解邻域之外有很高概率没有驻点。然而，受到存储器和硬件速度限制，大多数实际的生成式网络是反卷积的而不是全连接的，本节将在 Hand 等的工作基础上，将其结论扩展到反卷积生成式网络。

Gilbert 等研究了具有特殊激活函数的一层网络，并对隐编码施加强 k -稀疏假设，相比之下，本节的研究主要针对反卷积网络，这一网络采用最常见的 ReLU 激活函数，并且没有施加隐编码稀疏性假设。另一个研究方向是对于网络输入是高斯分布的梯度下降研究，Soltanolkotabi 等表明，投影梯度下降能够找到一层一个神经元模型的真实权值向量，Du 等改进了这个结果，分析了具有两层的简单卷积神经网络的权值学习问题，他们的关于随机输入的假设和权值学习问题与本节中研究的问题不同。

4.2.1　隐向量逆向求解问题定义

本节给出生成式网络求逆问题的公式化描述。设 $z \in \mathbb{R}^{n_0}$ 表示隐编码，$G(.)：\mathbb{R}^{n_0} \to \mathbb{R}^{n_d}$（$n_0 < n_d$）是一个 d 层从隐空间映射到图像空间的生成式网络，输出图像 $x \in \mathbb{R}^{n_d}$ 通过生成式网络产生：$x = G(z)$。为了证明方便，假设是 $G(.)$ 是两层反卷积网络，表示为：$G(z) = \mathcal{A}[W_2 \mathcal{A}(W_1 z)]$，其中 $\mathcal{A}$ 表示激活函数，在 $\mathcal{A}(z) = \max(z, 0)$ 时表示 ReLU，$W_1 \in \mathbb{R}^{n_1 \times n_0}$ 与 $W_2 \in \mathbb{R}^{n_2 \times n_1}$ 分别是第一层和第二层的反卷积网络的权值矩阵。因为 $G(.)$ 是反卷积网络，所以 W_1 和 W_2 具有特定块结构，并且是高度稀疏的。

生成式网络求逆问题描述为：在给定 $y^* = G(z^*)$、W_1、W_2 情况下，求解 $\widehat{z}$ 及 $\widehat{x} = G(\widehat{z})$，$z^* \in \mathbb{R}^{n_0}$ 是未知待求解的隐向量。因为 x 完全由隐向量 z 确定，因此只需求解 z 即可。为求解 z^* 的估计 $\widehat{z}$，需要求解以下优化问题：

$$\widehat{z} = \arg\min_z \mathcal{L}(z)，\quad \mathcal{L}(z) = \frac{1}{2} \| y^* - G(z) \|^2 \tag{4-13}$$

由于生成式网络 G 的结构及上述最小化问题是高度非凸问题，因此，通常的梯度下降方法不能保证找到全局最小解 z^*。

下面给出后面分析所需的相关约定、符号及定义。

对输入信号向量化处理，第 i 层的特征映射由 N_i^C 个通道组成，每个通道的大小为 N_i^M。因此，$n_i = N_i^C \times N_i^M$，$\mathcal{K}_{i,j}$ 表示第 i 个输入通道和第 j 个输出通道的卷积核滤波器（每个尺寸 ℓ），为简单起见，假设步长等于核尺寸 ℓ，连接所有卷积核滤波器以形成块矩阵 W_i。在这一假设下，每个去卷积操作的输入和输出大小可以通过 $N_{i+1}^M = N_i^M \ell$ 关联起来。

令 I_n 表示 $n \times n$ 的单位矩阵。令 $diag(Az > 0)$ 表示对角矩阵，如果 $(Az)_i > 0$，则对角线 (i, i) 处值为 1，否则为 0。令 $\mathcal{B}(x, r)$ 表示以 x 为中心半径为 r 的欧式球。令 $W_{1,+,z} = diag(W_1 z > 0) W_1$，$W_{2,+,z} = diag(W_2 W_{1,+,z} z > 0) W_2$。$\|A\|$ 表示矩阵 A 谱范数，S^{k-1} 表示 $\mathbb{R}^k$ 的单位球。块向量 $\boldsymbol{z} = [z_i]_1^n \in \mathbb{R}^{kn}$ 表示 n 个维度为 k 的向量的连接（符号利用 Britannic 加粗形式表示）。对角块矩阵表示为 $\boldsymbol{W} = [W_i]_1^n$，矩阵 $\{W_i\}$ 在 $\boldsymbol{W}$ 的对角线上。对于非零向量 $z \in \mathbb{R}^k$，令 $\widehat{z} = z/\|z\|_2$。对于块向量 $\boldsymbol{z} = [z_i]_1^n$，令 $\widehat{\boldsymbol{z}} = [\widehat{z_i}]_1^n$。对于固定向量 $x, z \in \mathbb{R}^k$，令 $M_{\widehat{x} \leftrightarrow \widehat{z}}$ 是满足 $M_{\widehat{x} \leftrightarrow \widehat{z}} \widehat{x} = \widehat{z}$ 且 $M_{\widehat{x} \leftrightarrow \widehat{z}} \widehat{z} = \widehat{x}$ 的矩阵。对于给定块向量 $\boldsymbol{x} = [x_i]_1^n$，$\boldsymbol{z} = [z_i]_1^n$，令 $M_{\widehat{\boldsymbol{x}} \leftrightarrow \widehat{\boldsymbol{z}}} = [M_{\widehat{x_i} \leftrightarrow \widehat{z_i}}]_{i=1}^n$。块单位矩阵表示为 $\boldsymbol{I} = [I_k]_{i=1}^n$。

此外，令 $\boldsymbol{\theta}^{(i)} = \angle(\boldsymbol{x}^{(i)}, \boldsymbol{z}^{(i)})$ 表示第 i 层两个不同向量 $\boldsymbol{x}^{(i)}$ 与 $\boldsymbol{z}^{(i)}$ 间夹角，$\theta_j^{(i)} = \angle(x_j^{(i)}, z_j^{(i)})$ 表示两个向量第 j 个块间的夹角。如果向量经过重排列，则使用 $\tilde{\theta}_j^{(i)} = \angle(\tilde{x}_j^{(i)}, \tilde{z}_j^{(i)})$ 来表示重排后向量的夹角；$\otimes$ 用于表示常规向量 $a \in \mathbb{R}^n$ 与块向量 $\boldsymbol{z} = [z_j]_{j=1}^n$ 间的乘积，定义为 $a \otimes \boldsymbol{z} = [a_j z_j]_{j=1}^n$。令 $D_v \mathcal{L}(\boldsymbol{x})$ 表示目标函数 $\mathcal{L}(.)$ 沿着方向 v 的单侧方向导数，即 $D_v \mathcal{L}(\boldsymbol{x}) = \lim_{t \to 0^+} \frac{\mathcal{L}(\boldsymbol{x} + tv) - \mathcal{L}(\boldsymbol{x})}{t}$。

4.2.2 隐向量梯度下降求解有效性理论

在本节中，提出关于具有 ReLU 的浅层反卷积生成式网络可逆性理论，虽然式（4-13）中问题是非凸的，但在适当的条件下，在 z^* 的邻域和 z^* 的负数倍区域之外都存在严格的下降方向。这一理论研究建立在 Hand 等工作基础上，Hand 等考虑多层 ReLU 网络和 ℓ_2 经验风险最小化的线性模型，指出在满足受限特征值条件（Restricted Eigenvalue Condition，REC）下的度量矩阵、ReLU 函数、权值高斯分布等相关条件下，隐空间全局最优解的外部邻域及其负倍数范围外，非凸目标存在下降方向，梯度下降算法基本上收敛于经验风险的全局最小值，但 Hand 等的研究是基于全连接网络，本节将这一结论推广到反卷积生成式网络。

定理 4.2 令 $W_1 \in \mathbb{R}^{N_1^C N_1^M \times N_0^C N_0^M}$、$W_2 \in \mathbb{R}^{N_2^C N_2^M \times N_1^C N_1^M}$ 分别是生成式网络第一、二层的反卷积权值矩阵，每个权值矩阵单元值独立同分布来自 $\mathcal{N}(0, 1/\mathcal{N}_i^C \ell)$。对于 $\varepsilon > 0$，如果 $N_1^C \ell \gtrsim_\varepsilon N_0^C \log N_0^C$ 及 $N_2^C \ell \gtrsim_\varepsilon N_1^C \log N_1^C$，则至少以 $1 - \zeta$（$N_1^M N_1^C e^{-\tau N_0^C} + N_2^M N_2^C e^{-\tau N_1^C}$）的概率，使所有非零的 z 和 z^*，存在 $v_{z,z^*} \in \mathbb{R}^{n_0}$，使得：

$$\forall z \notin \mathcal{B}(z^*, \varepsilon \|z^*\|_2) \cup \mathcal{B}(-\omega z^*, \varepsilon \|z^*\|_2) \cup \{0\}, \text{ 有 } D_{v_{z,z^*}} \mathcal{L}(z) < 0$$

$$(4-14)$$

对于 $\forall z \neq 0$，有 $D_z \mathcal{L}(0) < 0$。 $\qquad\qquad (4-15)$

ω 是正值常量。$\tau > 0$，$\zeta > 0$，且依赖于 ε。

假设输入块向量 $z = z^{(0)} = [z_j^{(0)}]_{j=1}^{N_0^M}$，则第一个反卷积层的输出则为 $z^{(1)} = W_{1,+,z} z^{(0)}$，其具有 N_0^M 个通道（块）。在 $z^{(1)}$ 输入给第二个反卷积层之前进行重新排列，得到新的向量 $\tilde{z}^{(1)} = Perm(z^{(1)})$，其具有 N_1^M 个块，然后将 $\tilde{z}^{(1)}$ 传入给第二个反卷积层，可以得到输出 $z^{(2)} = W_{2,+,z} \tilde{z}^{(1)}$。

网络第一层的权值矩阵 $W_1 \in \mathbb{R}^{N_1^C N_1^M \times N_0^C N_0^M}$ 可以被重排为块矩阵 $W_1 = [W]_{i=1}^{N_0^M}$，其中 $W \in \mathbb{R}^{N_1^C \ell \times N_0^C}$ 是每个块中重复的高斯矩阵，后面的证明将使用这

种经过重排的矩阵，其本质是对每层输出结果进行向量的置换。

网络第一层对于输入信号 $\boldsymbol{z} = [z_i]_{i=1}^{N_0^M}$ 进行的操作是 $\boldsymbol{W}_{1,+,\boldsymbol{z}}\boldsymbol{z} = \mathcal{A}(\boldsymbol{W}_1\boldsymbol{z})$，而整个生成器网络的操作可以写成 $G(\boldsymbol{z}) = \boldsymbol{W}_{2,+,\boldsymbol{z}}\boldsymbol{W}_{1,+,\boldsymbol{z}}\boldsymbol{z}$。矩阵 $\boldsymbol{W}_{1,+,\boldsymbol{z}}$ 表示每层的权值叠加 ReLU 激活函数的操作。假设输入向量及权值矩阵都是块形式，这并不会改变整个网络的操作。

对于任何非零向量 $\boldsymbol{x}, \boldsymbol{z} \in \mathbb{R}^n$，其角度为 $\theta_{x,z} = \angle(\boldsymbol{x}, \boldsymbol{z})$，定义以下矩阵：

$$\boldsymbol{Q}_{x,z} := \frac{\pi - \theta_{x,z}}{2\pi}\boldsymbol{I}_n + \frac{\sin\theta_{x,z}}{2\pi}M_{\widehat{x}\leftrightarrow\widehat{z}} \tag{4-16}$$

对于两个块向量 $\boldsymbol{x} = [x_i]_{i=1}^n$ 和 $\boldsymbol{z} = [z_i]_{i=1}^n$，定义块矩阵：

$$\boldsymbol{Q}_{\boldsymbol{x},\boldsymbol{z}} := [\boldsymbol{Q}_{x,z}]_{i=1}^n \tag{4-17}$$

根据 Hand 等的文献，假设 $\boldsymbol{W} \in \mathbb{R}^{n \times k}$，其矩阵元素值满足独立同分布的 $\mathcal{N}(0, 1/n)$。对于 $\varepsilon \in (0, 1)$，如果 $n > ck\log k$，则至少有 $1 - 8ne^{-\tau k}$ 的概率使：

$$\forall \boldsymbol{x}, \boldsymbol{z} \in \mathbb{R}^k, \ \|\boldsymbol{W}_{+,x}^T\boldsymbol{W}_{+,z} - \boldsymbol{Q}_{x,z}\| \leqslant \varepsilon \tag{4-18}$$

当 $x = z$，满足：

$$\forall x \neq 0, \ \|\boldsymbol{W}_{+,x}^T\boldsymbol{W}_{+,x} - \boldsymbol{I}_n/2\| \leqslant \varepsilon \tag{4-19}$$

这里 c，τ 仅取决于 ε。

式（4-18）和式（4-19）的结论可以从普通矩阵推广到块矩阵。

引理 4.1 假设有 $\boldsymbol{W} = [W]_{i=1}^{N_0^M}$，其中 $W \in \mathbb{R}^{N_1^C\ell \times N_0^C}$ 矩阵元素满足独立同分布的 $\mathcal{N}(0, 1/N_1^C\ell)$。对于 $\varepsilon \in (0, 1)$，如果 $N_1^C\ell \gtrsim_\varepsilon N_0^C\log N_0^C$，则至少有 $1 - 8N_0^M\ell N_1^C e^{-\tau N_0^C}$ 的概率使：

$$\forall \boldsymbol{x}, \boldsymbol{z} \in \mathbb{R}^{N_0^C N_0^M}, \ \|\boldsymbol{W}_{+,x}^T\boldsymbol{W}_{+,z} - \boldsymbol{Q}_{x,z}\| \leqslant \varepsilon \tag{4-20}$$

当 $\boldsymbol{x} = \boldsymbol{z}$，满足：

$$\forall \, \boldsymbol{x} \neq 0, \quad \| \boldsymbol{W}_{+,\boldsymbol{x}}^{T} \boldsymbol{W}_{+,\boldsymbol{x}} - \boldsymbol{I}/2 \| \leqslant \varepsilon \tag{4-21}$$

这里 τ 仅取决于 ε。

证明：$\boldsymbol{x}$、$\boldsymbol{z}$、$\boldsymbol{W}_{1,+,\boldsymbol{x}}^{T} \boldsymbol{W}_{1,+,\boldsymbol{z}}$ 的块向量形式如下：

$$\boldsymbol{x} = [\boldsymbol{x}_i]_{i=1}^{N_0^M}, \quad \boldsymbol{z} = [\boldsymbol{z}_i]_{i=1}^{N_0^M}, \quad \boldsymbol{W}_{1,+,\boldsymbol{x}}^{T} \boldsymbol{W}_{1,+,\boldsymbol{z}} = [\boldsymbol{W}_{+,\boldsymbol{x}_i}^{T} \boldsymbol{W}_{+,\boldsymbol{z}_i}]_{i=0}^{N_0^M} \tag{4-22}$$

块矩阵的谱范数为：

$$\| \boldsymbol{W}_{1,+,\boldsymbol{x}}^{T} \boldsymbol{W}_{1,+,\boldsymbol{z}} - \boldsymbol{Q}_{\boldsymbol{x},\boldsymbol{z}} \| = \max_{i=1,\cdots,N_0^M} \| \boldsymbol{W}_{+,\boldsymbol{x}_i}^{T} \boldsymbol{W}_{+,\boldsymbol{z}_i} - \boldsymbol{Q}_{\boldsymbol{x}_i,\boldsymbol{z}_i} \| \tag{4-23}$$

式（4-18）指出如果 $N_1^C \ell \gtrsim_{\varepsilon} N_0^C \log N_0^C$，则至少有 $1 - 8\ell N_1^C e^{-\tau N_0^C}$ 的概率，$\| \boldsymbol{W}_{+,\boldsymbol{x}_i}^{T} \boldsymbol{W}_{+,\boldsymbol{z}_i} - \boldsymbol{Q}_{\boldsymbol{x}_i,\boldsymbol{z}_i} \| \leqslant \varepsilon$ 成立，则有：

$$p(\| \boldsymbol{W}_{1,+,\boldsymbol{x}}^{T} \boldsymbol{W}_{1,+,\boldsymbol{z}} - \boldsymbol{Q}_{\boldsymbol{x},\boldsymbol{z}} \| \leqslant \varepsilon) \leqslant \sum_{i=1}^{N_0^M} p(\| \boldsymbol{W}_{+,\boldsymbol{x}_i}^{T} \boldsymbol{W}_{+,\boldsymbol{z}_i} - \boldsymbol{Q}_{\boldsymbol{x}_i,\boldsymbol{z}_i} \| \leqslant \varepsilon) \leqslant$$

$8 N_0^M \ell N_1^C e^{-\tau N_0^C}$，引理 4.1 得证。

接下来研究 $\boldsymbol{W}_{1,+,\boldsymbol{x}}$ 如何扭曲两个向量 $\boldsymbol{x}$，$\boldsymbol{z}$ 之间的角度。Hand 等指出，$\boldsymbol{W}_{+,\boldsymbol{x}}\boldsymbol{x}$ 和 $\boldsymbol{W}_{+,\boldsymbol{z}}\boldsymbol{z}$ 之间的角度约为 $g[\angle(x,z)]$，函数 $g(\theta)$ 定义为：

$$g(\theta) := \cos^{-1}\left(\frac{(\pi - \theta)\cos\theta + \sin\theta}{\pi} \right) \tag{4-24}$$

g 是单调的且小于 θ。对于 $\boldsymbol{x}$ 和 $\boldsymbol{z}$，$\theta_0 = \angle(x,z)$，$\theta_1 = \angle(\boldsymbol{W}_{+,\boldsymbol{x}}x, \boldsymbol{W}_{+,\boldsymbol{z}}z)$，对于 $0 < \varepsilon < 0.1$，则有：

$$|\theta_1 - g(\theta_0)| \leqslant 4\sqrt{\varepsilon} \tag{4-25}$$

式（4-25）表明与 ReLU 操作相结合的高斯矩阵保持了向量之间的角度。

引理 4.2　假定权值矩阵 $\boldsymbol{W}_1$ 和 $\boldsymbol{W}_2$ 满足式（4-20）。则对于所有 $\boldsymbol{x}, \boldsymbol{z} \neq 0$ 且 $\varepsilon < 1/(16\pi)^2$，下式成立：

$$\langle \boldsymbol{W}_{2,+,\boldsymbol{x}}\boldsymbol{W}_{1,+,\boldsymbol{x}}x, \ \boldsymbol{W}_{2,+,\boldsymbol{z}}\boldsymbol{W}_{1,+,\boldsymbol{z}}z \rangle > 0 \tag{4-26}$$

引理 4.2 中块权值矩阵定义为 $\boldsymbol{W}_1 = [\boldsymbol{W}_1]_{j=1}^{N_D}$，其中 $\boldsymbol{W}_1 \in \mathbb{R}^{N_1^C \ell \times N_0^C}$；$\boldsymbol{W}_2 =$

$[W_2]_{j=1}^{N_2^D}$，其中 $W_2 \in \mathbb{R}^{N_2^C \ell \times N_1^C}$。引理 4.3 将引理 4.1 中的权值矩阵乘积的集中度扩展到两层网络。

引理 4.3 令 W_1 的权值独立同分布服从 $\mathcal{N}(0, 1/N_1^C \ell)$，$W_2$ 的权值独立同分布服从 $\mathcal{N}(0, 1/N_2^C \ell)$。假定引理 4.1 的条件成立，对于 $\varepsilon \in (0, 1)$ 且所有 $z \neq 0$，下式高概率成立：

$$\| W_{1,+,z}^T W_{2,+,z}^T W_{2,+,z} W_{1,+,z} - I/4 \| \leqslant 2\varepsilon \tag{4-27}$$

证明：由引理 4.1 可知，对于所有 $z \neq 0$，有：

$$\| W_{1,+,z}^T W_{1,+,z} - I/2 \| \leqslant \varepsilon, \quad \| W_{2,+,z}^T W_{2,+,z} - I/2 \| \leqslant \varepsilon$$

由于：

$$\frac{1}{2} - \varepsilon \leqslant \| W_{i,+,z} \|^2 \leqslant \frac{1}{2} + \varepsilon \tag{4-28}$$

因此：

$$\| W_{1,+,z} \|^2 \leqslant \frac{1}{2} + \varepsilon \tag{4-29}$$

使用上述公式及三角不等式，有：

$$\| W_{1,+,z}^T W_{2,+,z}^T W_{2,+,z} W_{1,+,z} - I/4 \|$$

$$= \left\| \left(W_{1,+,z}^T W_{2,+,z}^T W_{2,+,z} W_{1,+,z} - \frac{1}{2} W_{1,+,z}^T W_{1,+,z} \right) + \left(\frac{1}{2} W_{1,+,z}^T W_{1,+,z} - I/4 \right) \right\|$$

$$\leqslant \| W_{1,+,z}^T (W_{2,+,z}^T W_{2,+,z} - I/2) W_{1,+,z} \| + \frac{1}{2} \| W_{1,+,z}^T W_{1,+,z} - I/2 \|$$

$$\leqslant \| W_{1,+,z} \|^2 \| W_{2,+,z}^T W_{2,+,z} - I/2 \| + \frac{1}{2} \| W_{1,+,z}^T W_{1,+,z} - I/2 \|$$

$$\leqslant \left(\frac{1}{2} + \varepsilon \right) \varepsilon + \frac{1}{2} \varepsilon \leqslant 2\varepsilon$$

引理 4.3 得证。

给定块向量 $\boldsymbol{x}$ 和 $\boldsymbol{z}$，定义下列向量：

$$\tilde{q}_{\boldsymbol{x},\boldsymbol{z}}:=\left[\frac{\pi-\tilde{\theta}_j^{(1)}}{2\pi}\right]_{j=1}^{N_1^M}\otimes\left(\left[\frac{\pi-\theta_j^{(0)}}{2\pi}\right]_{j=1}^{N_0^M}\otimes\boldsymbol{z}+\left[\frac{\sin\theta_j^{(0)}\|z_j^{(0)}\|_2}{2\pi\|x_j^{(0)}\|_2}\right]_{j=1}^{N_0^M}\otimes\boldsymbol{x}\right)$$

$$+\left[\frac{\sin\tilde{\theta}_j^{(1)}\|\tilde{z}_j^{(1)}\|_2}{2\pi\|\tilde{x}_j^{(1)}\|_2}\right]_{j=1}^{N_1^M}\otimes\boldsymbol{x} \tag{4-30}$$

式中，$\tilde{x}_j^{(i)}$ 和 $\tilde{z}_j^{(i)}$ 分别表示 $\boldsymbol{x}^{(i)}$ 和 $\boldsymbol{z}^{(i)}$ 重排后的第 j 个块，$\tilde{\theta}_j^{(i)}$ 表示重排后的第 i 层第 j 块 $x_j^{(i)}$，$z_j^{(i)}$ 间的角度。接下来将证明 $\boldsymbol{W}_{1,+,\boldsymbol{x}}^T\boldsymbol{W}_{2,+,\boldsymbol{x}}^T\boldsymbol{W}_{2,+,\boldsymbol{z}}\boldsymbol{W}_{1,+,\boldsymbol{z}}\boldsymbol{z}$ 集中在这个随机向量 $\tilde{q}_{\boldsymbol{x},\boldsymbol{z}}$ 附近。

引理 4.4　对于所有 $\boldsymbol{x}\neq 0$ 和 $\boldsymbol{z}\neq 0$，有：

$$\|\boldsymbol{W}_{1,+,\boldsymbol{x}}^T\boldsymbol{W}_{2,+,\boldsymbol{x}}^T\boldsymbol{W}_{2,+,\boldsymbol{z}}\boldsymbol{W}_{1,+,\boldsymbol{z}}\boldsymbol{z}-\tilde{q}_{\boldsymbol{x},\boldsymbol{z}}\|\leq\varepsilon\max\{\|\boldsymbol{x}\|_2,\ \|\boldsymbol{z}\|_2\} \tag{4-31}$$

引理 4.4 通过对引理 4.1 简单扩展可得结论。

引理 4.5　对于所有 $\boldsymbol{z}\neq 0$，在高概率情况下，下式成立：

$$\|d_{\boldsymbol{z},\boldsymbol{z}^*}-q_{\boldsymbol{z},\boldsymbol{z}^*}\|_2<2\varepsilon\max(\|\boldsymbol{z}\|_2,\ \|\boldsymbol{z}^*\|_2) \tag{4-32}$$

其中，下降方向 $d_{\boldsymbol{z},\boldsymbol{z}^*}$ 定义为：

$$d_{\boldsymbol{z},\boldsymbol{z}^*}=\underbrace{(\boldsymbol{W}_{2,+,\boldsymbol{z}}\boldsymbol{W}_{1,+,\boldsymbol{z}})^T(\boldsymbol{W}_{2,+,\boldsymbol{z}}\boldsymbol{W}_{1,+,\boldsymbol{z}})\boldsymbol{z}}_{V_1}-\underbrace{(\boldsymbol{W}_{2,+,\boldsymbol{z}}\boldsymbol{W}_{1,+,\boldsymbol{z}})^T(\boldsymbol{W}_{2,+,\boldsymbol{z}^*}\boldsymbol{W}_{1,+,\boldsymbol{z}^*})\boldsymbol{z}^*}_{V_2}$$

证明：

根据引理 4.3，有：

$$\|V_1-\boldsymbol{I}/4\|\leq 2\varepsilon \tag{4-33}$$

根据引理 4.4，有：

$$\|V_2\boldsymbol{z}^*-\tilde{q}_{\boldsymbol{z},\boldsymbol{z}^*}\|\leq\varepsilon\|\boldsymbol{z}^*\|_2 \tag{4-34}$$

根据 $q_{\boldsymbol{z},\boldsymbol{z}^*}$ 的定义，合并上述结论有：

$$\left\|d_{\boldsymbol{z},\boldsymbol{z}^*}-q_{\boldsymbol{z},\boldsymbol{z}^*}\right\|_2=\left\|(V_1\boldsymbol{z}-V_2\boldsymbol{z}^*)-\left(\frac{z}{4}-\tilde{q}_{\boldsymbol{z},\boldsymbol{z}^*}\right)\right\|_2$$

$$\leq\left\|V_1\boldsymbol{z}-\frac{\boldsymbol{z}}{4}\right\|_2+\|V_2\boldsymbol{z}^*-\tilde{q}_{\boldsymbol{z},\boldsymbol{z}^*}\|_2 \tag{4-35}$$

$$\leqslant \left\| V_1 - \frac{I}{4} \right\|_2 \|z\|_2 + \|V_2 z^* - \tilde{q}_{z,z^*}\|_2 \qquad (4-36)$$

$$\leqslant 2\varepsilon \|z\|_2 + \varepsilon \|z^*\|_2 < 2\varepsilon \max(\|z\|_2, \|z^*\|_2) \qquad (4-37)$$

引理 4.5 得证。

引理 4.6　假定 $4\varepsilon \leqslant 1$，则 $R_{4\varepsilon,z^*} \subset \mathcal{B}(z^*, c\varepsilon \|z^*\|_2) \cup \mathcal{B}(-\omega z^*, d\varepsilon \|z^*\|_2)$，其中 ω，c，d 是常量。

引理 4.6 确定集合 $R_{\varepsilon,z}$ 是 z^* 和 $-\rho z^*$ 两个小邻域（半径不大于 ε）并集的子集。

对于定理 4.2 的证明，有两个关键条件：

第一个条件是反卷积网络每层内部权值的空间排列。上述的引理 4.1 给出了权值矩阵（在将 ReLU 并入权值矩阵之后）分布的集中度，它表明每层内的神经元权值集合大致分布为高斯分布。其中证明的关键思路是排列技术，即将稀疏权值矩阵的行和列重新排列成块对角矩阵。重新排列后的块对角矩阵中的每个块中元素符合独立同分布高斯分布。对块矩阵的重排目的是将块对角矩阵的每个块转换为密集高斯矩阵，因此可以利用高斯矩阵上的现有集中边界性质。

第二个条件是有效权值矩阵 W_i（在将 ReLU 合并到矩阵之后）的近似角度收缩特性。引理 4.2 表明，在反卷积层和 ReLU 后，两个任意输入向量 x 和 y 之间的角度不会消失。

下面进行定理 4.2 的证明。为描述方便，做出以下简化描述：$d_z = d_{z,z^*}$、$q_z = q_{z,z^*}$ 和 $R_z = R_{\varepsilon,z^*}$。

首先证明定理 4.2 的式（4 - 15）成立。

对于下降方向：

$$d_{\boldsymbol{z},\boldsymbol{z}^*} = (\boldsymbol{W}_{2,+,\boldsymbol{z}}\boldsymbol{W}_{1,+,\boldsymbol{z}})^T(\boldsymbol{W}_{2,+,\boldsymbol{z}}\boldsymbol{W}_{1,+,\boldsymbol{z}})\boldsymbol{z} - (\boldsymbol{W}_{2,+,\boldsymbol{z}}\boldsymbol{W}_{1,+,\boldsymbol{z}})^T(\boldsymbol{W}_{2,+,\boldsymbol{z}^*}\boldsymbol{W}_{1,+,\boldsymbol{z}^*})\boldsymbol{z}^*$$

$$(4-38)$$

该表达式是 $\mathcal{L}$ 的梯度，其中 $\mathcal{L}$ 是可微分的。通过使用单侧方向导数 $D_{\boldsymbol{z}}$ 的定义来计算：

$$D_z\mathcal{L}(0) = -\langle \boldsymbol{W}_{2,+,\boldsymbol{z}}\boldsymbol{W}_{1,+,\boldsymbol{z}}, \ \boldsymbol{W}_{2,+,\boldsymbol{z}^*}\boldsymbol{W}_{1,+,\boldsymbol{z}^*}\rangle \leqslant -\frac{1}{16\pi}\|\boldsymbol{z}\|_2 \|\boldsymbol{z}^*\|_2 < 0$$

$$(4-39)$$

上式第一个不等式利用引理 4.2 的结论，第二个不等式成立是因为 $\boldsymbol{z}$，$\boldsymbol{z}^* \neq 0$。

式（4－14）的证明主要借鉴了 Hand 等的证明思路，但是本书将其论证过程调整到块结构的权值矩阵中。对于式（4－14），需要证明当 $\boldsymbol{z}$ 在两个邻域之外时方向导数 $D_{d_{\boldsymbol{z}}}$，$\boldsymbol{z}^*$ 是负的。引理 4.6 确定 $R_{4\varepsilon}$ 是 z^* 和 $-\rho z^*$ 周围的两个小邻域的子集，因此，对于 $R_{4\varepsilon}$ 外的所有 $\boldsymbol{z}$ 沿着下降方向 $d_{\boldsymbol{z}}$ 的导数总是负的。根据定义，$\mathcal{L}(\boldsymbol{z})$ 在 $\boldsymbol{z}$ 处的方向 $d_{\boldsymbol{z}}$ 的单侧方向导数是：

$$D_{d_{\boldsymbol{z}}}\mathcal{L}(\boldsymbol{z}) = \lim_{t\to 0+}\frac{\mathcal{L}(\boldsymbol{z}+td_{\boldsymbol{z}}) - \mathcal{L}(\boldsymbol{z})}{t} \tag{4-40}$$

函数 $\mathcal{A}[\boldsymbol{W}_2\mathcal{A}(\boldsymbol{W}_1\boldsymbol{z})]$ 是连续的和分段线性的，因此对于任何 $\boldsymbol{z}\neq 0$ 和 $d_{\boldsymbol{z}}\neq 0$，存在序列 $\{\boldsymbol{z}_n\}\to\boldsymbol{z}$，使得 $\mathcal{L}$ 在每个 $\boldsymbol{z}_n$ 处是可微分的，并且 $D_{d_{\boldsymbol{z}}}\mathcal{L}(\boldsymbol{z}) = \lim_{n\to\infty}\nabla\mathcal{L}(\boldsymbol{z}_n)\cdot d_{\boldsymbol{z}}$。因为 $\nabla\mathcal{L}(\boldsymbol{z}_n) = d_{\boldsymbol{z}_n}$，所以有 $D_{d_{\boldsymbol{z}}}\mathcal{L}(\boldsymbol{z}) = \lim_{n\to\infty}d_{\boldsymbol{z}_n}\cdot d_{\boldsymbol{z}}$。

$$d_{\boldsymbol{z}_n}\cdot d_{\boldsymbol{z}} = q_{\boldsymbol{z}_n}\cdot q_{\boldsymbol{z}} + (d_{\boldsymbol{z}_n}-q_{\boldsymbol{z}_n})\cdot q_{\boldsymbol{z}} + q_{\boldsymbol{z}_n}\cdot(d_{\boldsymbol{z}}-q_{\boldsymbol{z}}) + (d_{\boldsymbol{z}_n}-q_{\boldsymbol{z}_n})\cdot(d_{\boldsymbol{z}}-q_{\boldsymbol{z}})$$

$$\geqslant q_{\boldsymbol{z}_n}\cdot q_{\boldsymbol{z}} - \|d_{\boldsymbol{z}_n}-q_{\boldsymbol{z}_n}\|_2\|q_{\boldsymbol{z}_n}\|_2 - \|q_{\boldsymbol{z}_n}\|_2\|d_{\boldsymbol{z}}-q_{\boldsymbol{z}}\|_2 - $$

$$\|d_{\boldsymbol{z}_n}-q_{\boldsymbol{z}_n}\|_2\|d_{\boldsymbol{z}}-q_{\boldsymbol{z}}\|_2$$

$$\geqslant q_{\boldsymbol{z}_n}\cdot q_{\boldsymbol{z}} - \varepsilon\max(\|\boldsymbol{z}_n\|_2, \ \|\boldsymbol{z}^*\|_2)\|q_{\boldsymbol{z}}\|_2 - $$

$$\varepsilon\max(\|\boldsymbol{z}\|_2, \ \|\boldsymbol{z}^*\|_2)\|q_{\boldsymbol{z}_n}\|_2$$

$$-\varepsilon^2\max(\|\boldsymbol{z}_n\|_2, \ \|\boldsymbol{z}^*\|_2)\max(\|\boldsymbol{z}\|_2, \ \|\boldsymbol{z}^*\|_2)$$

q_z 对于所有非零 z 是连续的，因此对于任何 $z \notin R_{4\varepsilon}$，有：

$$\lim_{n \to \infty} d_{z_n} \cdot d_z \geqslant \| q_z \|_2^2 - 2\varepsilon \| q_z \|_2 \max(\| z \|_2, \ \| z^* \|_2) -$$

$$\varepsilon^2 \max(\| z \|_2, \ \| z^* \|_2)^2$$

$$\geqslant \frac{\| q_z \|_2}{2} [\| q_z \|_2 - 4\varepsilon \max(\| z \|_2, \ \| z^* \|_2)] +$$

$$\frac{1}{2} [\| q_z \|_2^2 - 2\varepsilon^2 \max(\| z \|_2, \ \| z^* \|_2)^2] > 0$$

上面第二个不等式使用 $R_{4\varepsilon}$ 的定义。由于 $D_{d_z}\mathcal{L}(z) = \lim_{n \to \infty} d_{z_n} \cdot d_z > 0$，则对于所有 $z \notin R_{4\varepsilon}$，$D_{-d_z}\mathcal{L}(z) < 0$，通过应用引理 4.6，定理 4.2 得证。

定理 4.2 的结论表明：对于具有 ReLU 和高斯分布随机权值的浅层反卷积生成式网络，可以使用简单的梯度下降有效地从网络输出反向推导出输入隐编码。4.5 节实验结果进一步证明了相同的结论可以扩展到具有多个层的反卷积生成式网络中以及推广到其他激活函数（LeakyReLU、Sigmoid、Tanh）中。

4.3　生成式网络范围内图像逆问题求解方法

信号和图像处理的很多重要的问题可以建模为线性逆问题。例如，经典的超分辨问题中，退化算子表示为低通滤波器外加下采样；图像去噪、压缩感知等。

求解这类问题通过约束优化问题来求解原始信号 x^* 的估计值 $\widehat{x}$。

$$\widehat{x} = \underset{x}{\arg\min} \mathcal{L}(y; \ A, \ x) \ s.t. \quad x \in \mathcal{S} \tag{4-41}$$

式中，$\mathcal{L}$ 定义度量误差，$\mathcal{S} \subseteq \mathbb{R}^n$ 表示 x^* 应该符合先验某种已知结构的集合。关于 x^* 的常见的建模假设是稀疏性。例如，当以傅里叶为基表示时，平滑信号和图像（近似）稀疏，这种假定减轻了逆问题的不适定性质。例如在压缩感知问题中，如果信号 x^* 足够稀疏，并且度量矩阵 A 满足某些代数条件，例如受限等距属性（Restricted Isometry Property，RIP），则 x^* 的准确恢复是可能的。

然而，稀疏性先验虽然从计算的角度来看是强大的，但随机系数构成的稀疏信号（或图像）与现实中大量存在的信号（或图像）非常不同，并且自然图像表现出比单纯稀疏性更为丰富的非线性结构。这促进了更为精细先验算法的发展，例如结构化稀疏性、字典模型或有界总变分等。虽然这些先验通常提供比使用标准稀疏性方法更好的性能，但它们仍然受到上述建模能力的限制。

本节关注于使用生成式模型从大量训练数据中学习先验，生成式模型建模从维度为 k 的隐参数空间到高维空间 $\mathbb{R}^n$ 的非线性映射，通过训练神经网络的参数来构造这些先验。

4.3.1　图像逆问题求解的梯度下降算法

Bora 等在利用生成式先验进行图像逆问题求解上进行了开创性工作，假设生成器网络 G_χ 很好地逼近集合 $\mathcal{S}$ 的高维概率分布，假定每个 $\mathcal{S}$ 中的向量为 x^*，在 G_χ 定义的分布支撑集中存在一个非常接近 x^* 的向量 $\widehat{x} = G_\chi(\widehat{z})$，其中 $\widehat{z} \in \mathbb{R}^k$ 表示隐向量。Bora 等通过下列隐空间中的优化问题来求解。

$$\widehat{z} = \underset{z \in \mathbb{R}^k}{\mathrm{argmin}} \mathcal{L}(z), \quad \mathcal{L}(z) = \| y - AG_\chi(z) \|^2 + \lambda \| z \|^2 \tag{4-42}$$

最后复原的图像通过 $\widehat{x} = G_\chi(\widehat{z})$ 得到。隐空间的求解通过梯度下降算法，借助生成式网络的后向传播进行（下文表示为 $CSGM$ 算法）。具体求解过程见表 4-1。

表 4 – 1   CSGM 图像逆问题求解算法

算法 4.1   *CSGM 图像逆问题求解算法*

输入：y，G_X，A

输出：$\widehat{x}$

1：**for** i = 1，2，$\cdots RS$ **do**

2：t = 0

3：$z^{(0)} \sim \mathcal{N}(0，I)$

4：**while** $t < T$ **do**

5：$z_t \leftarrow z_t - \eta \nabla \mathcal{L}(z_t)$；

6：$t \leftarrow t + 1$；

7：**end while**

8：$\widehat{z} = best\_keeper.getBest()$；

9：**end for**

10：$\widehat{x} \leftarrow G_X(\widehat{z})$

Bora 等分析了式（4 – 42）的最小化问题，通过隐变量 z 对式（4 – 42）进行重新参数化，假设隐空间中的梯度下降（或随机梯度下降）提供了足够高质量的估计，但其算法在初始化不正确情况下，（随机）梯度下降可能会陷入局部最小值，因此他们的算法需要进行多次重启（算法 4.1 中 RS 表示重启次数）才能提供良好的性能，算法 4.1 中 best_ keeper. getBest（）步骤对多次初始化的结果进行记录并返回最佳解，此外 Bora 等也没有分析该方法的收敛速度。

4.3.2   图像逆问题求解的投影梯度算法

Shah 等为求解式（4 – 42）提出了投影梯度下降（Projected Gradient Descent，PGD）算法。与 CSGM 方法在隐空间求解不同，Shah 等利用投影梯度方法直接在信号（图像）空间求解式（4 – 42），这样能够减轻局部最小值的影响，求解过程如表 4 - 2 所示。

表 4 - 2　PGD 逆问题求解算法

算法 4.2　PGD 逆问题求解算法

输入：y, G_χ, A

输出：$\widehat{x}$

1：$x^{(0)} = 0$

2：$t = 0$

3：**while** $t < T$ **do**

4：$w^{(t)} = x^{(t)} + \eta A^T (y - A x^{(t)})$

5：$x^{(t+1)} \leftarrow \prod_{G_\chi} (w^{(t)})$;

6：$t \leftarrow t + 1$;

7：**end while**

8：$\widehat{x} \leftarrow G_\chi(\widehat{z})$

算法 4.2 选择零向量作为初始估计 $x^{(0)}$，并且在每次迭代中，按照标准梯度下降更新规则更新估计值，然后将输出投影到生成器 G_χ 的域上，具体步骤如下：

第一步是对损失函数 $\mathcal{L}(.) = \|y - Ax\|^2$ 应用梯度下降更新规则，这样，第 t 次迭代的梯度下降更新为 $w^{(t)} = x^{(t)} + \eta A^T (y - A x^{(t)})$，其中 η 为学习率。

第二步是投影步骤，目标是在生成器范围寻找与当前估计 $w^{(t)}$ 最为接近的图像。定义投影算子 $\prod_{G_\chi}$ 如下：

$$\prod_{G_\chi}(w^{(t)}) := G_\chi(\arg\min_z \mathcal{L}_{in}(z)) \tag{4 - 43}$$

式中，损失函数 $\mathcal{L}_{in}(z)$ 定义为：

$$\mathcal{L}_{in}(z) = \| w^{(t)} - G_{\chi}(z) \| \tag{4-44}$$

通过执行 T_{in} 次更新的梯度下降来求解投影优化问题，学习率 η_{in} 根据经验选择。由于生成器 G_{χ} 的结构，投影步骤是高度非凸的，但从实验中发现梯度下降（通过反向传播实现）非常有效。在 T 轮外部迭代中，每轮运行 T_{in} 轮更新以计算投影。因此，$T \times T_{in}$ 是 PGD 方法中所需的梯度下降更新的总数。

Shah 等对 PGD 算法进行了严格的理论分析，指出在 T 轮迭代结束时的最终估计是原始信号 x^* 的近似重建，并且具有较小的重建误差；此外在线性算子 A 的某些充分条件下，PGD 表现出线性收敛，在 $T = \log\,(1/\varepsilon)$ 时足以实现"ε – 准确性"。

尽管 Shah 等有上述理论分析结论，但针对的是线性度量算子的压缩感知问题。下面将上述结论推广到更一般的图像逆问题求解中，并给出理论证明。

首先提出一些符号约定。$\|.\|$ 表示欧式范数，使用数量级符号 $\mathcal{O}\,(.)$ 符号以简化常量的表示，使用 $\mathcal{L}\,(.)$ 来表示目标函数，假设 $\mathcal{L}$ 具有连续梯度，可以在任何 $x \in \mathbb{R}^n$ 处进行计算。

定义 4.1 生成器范围 $\mathcal{S}_G$。在给定隐向量 $z \in \mathbb{R}^k$ 情况下，利用深度生成式网络 $G: \mathbb{R}^k \to \mathbb{R}^n$ 所恢复的信号空间定义为生成器 G 的范围：

$$\mathcal{S}_G = \{x \in \mathbb{R}^n \mid x = G(z),\ z \in \mathbb{R}^k\} \tag{4-45}$$

一个训练良好的生成式网络可以近似于包含自然生成图像的低维流形。

定义 4.2 近似投影：函数 $\prod_{\varepsilon \mathcal{S}_G}: \mathbb{R}^n \to \mathcal{S}_G$ 是 ε – 近似投影，如果对于所有的 $x \in \mathbb{R}^n$，$\prod_{\varepsilon \mathcal{S}_G}$ 满足：

$$\left\| x - \prod_{\varepsilon \mathcal{S}_G} \right\|_2^2 \leqslant \min_{z \in \mathbf{R}^k} \| x - G(z) \|_2^2 + \varepsilon \tag{4-46}$$

式中，ε 为大于 0 的参数。本书的生成式网络采用反卷积深度生成式网络，根据 4.2 节的分析，这样的投影函数 $\prod_{\varepsilon \mathcal{S}_G}$ 存在，并且计算上是可行的。

定义 4.3 受限强凸/强平滑：$\mathcal{L}$ 是受限强凸/强平滑，如果对于 $\forall x$，

$y \in \mathcal{S}_G$，$\mathcal{L}$：$\mathbb{R}^n \to \mathbb{R}$ 满足：

$$\frac{\alpha}{2} \| \boldsymbol{x} - \boldsymbol{y} \|_2^2 \leqslant \mathcal{L}(\boldsymbol{y}) - \mathcal{L}(\boldsymbol{x}) - \langle \nabla \mathcal{L}(\boldsymbol{x}),\ \boldsymbol{y} - \boldsymbol{x} \rangle \leqslant \frac{\beta}{2} \| \boldsymbol{x} - \boldsymbol{y} \|_2^2 \qquad (4-47)$$

这个假设意味着目标函数沿参数空间的某些方向是强凸/强光滑的。参数 $\alpha > 0$ 称为受限强凸性（Restricted Strong Convexity，RSC）常数，而参数 $\beta > 0$ 称为受限强平滑性（Restricted Strong Smoothness，RSS）常数，显然 $\alpha \leqslant \beta$。本书中假设 $1 \leqslant \beta/\alpha \leqslant 2$。

其次还将做出以下假设以帮助进行分析（下面 γ 和 Δ 是正常数）：

（1）$\| \nabla \mathcal{L}(\boldsymbol{x}^*) \| \leqslant \gamma$。

（2）$diam(\mathcal{S}_G) = \Delta$，其中 $diam A = \sup \{ d(x,\ y),\ x,\ y \in A \}$。

（3）$\gamma \Delta \leqslant \mathcal{O}(\varepsilon)$。

定理 4.3 如果 $\mathcal{L}$ 满足 RSC/RSS（常量 α 和 β），则算法 4.2 将线性收敛到半径为 $\mathcal{O}(\gamma \Delta) \approx \mathcal{O}(\varepsilon)$ 的球上，即：

$$\mathcal{L}(\boldsymbol{x}_{t+1}) - \mathcal{L}(\boldsymbol{x}^*) \leqslant \left(2 - \frac{\beta}{\alpha} \right) [\mathcal{L}(\boldsymbol{x}_t) - \mathcal{L}(\boldsymbol{x}^*)] + \mathcal{O}(\varepsilon) \qquad (4-48)$$

证明：根据算法 4.2，令步长 $\eta = 1/\beta$，并定义：

$$\boldsymbol{w}_t = \boldsymbol{x}_t - \eta \nabla \mathcal{L}(\boldsymbol{x}_t) \qquad (4-49)$$

根据 RSS 性质，有：

$$\mathcal{L}(\boldsymbol{x}_{i+1}) - \mathcal{L}(\boldsymbol{x}_t) \leqslant \langle \nabla \mathcal{L}(\boldsymbol{x}_t),\ \boldsymbol{x}_{t+1} - \boldsymbol{x}_t \rangle + \frac{\beta}{2} \| \boldsymbol{x}_{t+1} - \boldsymbol{x}_t \|^2$$

$$= \frac{1}{\eta} \langle \boldsymbol{x}_t - \boldsymbol{w}_t,\ \boldsymbol{x}_{t+1} - \boldsymbol{x}_t \rangle + \frac{\beta}{2} \| \boldsymbol{x}_{t+1} - \boldsymbol{x}_t \|^2$$

$$= \frac{\beta}{2} (\| \boldsymbol{x}_{t+1} - \boldsymbol{x}_t \|^2 + 2 \langle \boldsymbol{x}_t - \boldsymbol{w}_t,\ \boldsymbol{x}_{t+1} - \boldsymbol{x}_t \rangle + \| \boldsymbol{x}_t - \boldsymbol{w}_t \|^2) -$$

$$\frac{\beta}{2} \| \boldsymbol{x}_t - \boldsymbol{w}_t \|^2$$

$$= \frac{\beta}{2} (\| \boldsymbol{x}_{t+1} - \boldsymbol{w}_t \|^2 - \| \boldsymbol{x}_t - \boldsymbol{w}_t \|^2) \qquad (4-50)$$

因为 $\boldsymbol{x}_{t+1}$ 是 $\boldsymbol{w}_t$ 到 $\mathcal{S}_G$ 的 ε – 投影结果，因此有：

$$\| \boldsymbol{x}_{t+1} - \boldsymbol{w}_t \|^2 \leqslant \| \boldsymbol{x}^* - \boldsymbol{w}_t \|^2 + \varepsilon \tag{4-51}$$

可以得到：

$$\mathcal{L}(\boldsymbol{x}_{t+1}) - \mathcal{L}(\boldsymbol{x}_t) \leqslant \frac{\beta}{2}(\| \boldsymbol{x}^* - \boldsymbol{w}_t \|^2 - \| \boldsymbol{x}_t - \boldsymbol{w}_t \|^2) + \frac{\beta\varepsilon}{2}$$

$$= \frac{\beta}{2}(\| \boldsymbol{x}^* - \boldsymbol{x}_t + \eta\,\nabla\mathcal{L}(\boldsymbol{x}_t) \|^2 - \| \eta\,\nabla\mathcal{L}(\boldsymbol{x}_t) \|^2) + \frac{\beta\varepsilon}{2}$$

$$= \frac{\beta}{2}(\| \boldsymbol{x}^* - \boldsymbol{x}_t \|^2 + 2\eta\langle \boldsymbol{x}^* - \boldsymbol{x}_t,\ \nabla\mathcal{L}(\boldsymbol{x}_t) \rangle) + \frac{\beta\varepsilon}{2}$$

$$= \frac{\beta}{2}\| \boldsymbol{x}^* - \boldsymbol{x}_t \|^2 + \langle \boldsymbol{x}^* - \boldsymbol{x}_t,\ \nabla\mathcal{L}(\boldsymbol{x}_t) \rangle + \frac{\beta\varepsilon}{2} \tag{4-52}$$

再者，因为 RSC，有：

$$\frac{\alpha}{2}\| \boldsymbol{x}^* - \boldsymbol{x}_t \|^2 \leqslant \mathcal{L}(\boldsymbol{x}^*) - \mathcal{L}(\boldsymbol{x}_t) - \langle \boldsymbol{x}^* - \boldsymbol{x}_t,\ \nabla\mathcal{L}(\boldsymbol{x}_t) \rangle \tag{4-53}$$

根据上式，有：

$$\langle \boldsymbol{x}^* - \boldsymbol{x}_t,\ \nabla\mathcal{L}(\boldsymbol{x}_t) \rangle \leqslant \mathcal{L}(\boldsymbol{x}^*) - \mathcal{L}(\boldsymbol{x}_t) - \frac{\alpha}{2}\| \boldsymbol{x}^* - \boldsymbol{x}_t \|^2 \tag{4-54}$$

综合式 (4–52)、式 (4–54)，可得：

$$\mathcal{L}(\boldsymbol{x}_{t+1}) - \mathcal{L}(\boldsymbol{x}_t) \leqslant \frac{\beta-\alpha}{2}\| \boldsymbol{x}^* - \boldsymbol{x}_t \|^2 + \mathcal{L}(\boldsymbol{x}^*) - \mathcal{L}(\boldsymbol{x}_t) + \frac{\beta\varepsilon}{2}$$

$$\leqslant \frac{\beta-\alpha}{2}\frac{2}{\alpha}(\mathcal{L}(\boldsymbol{x}_t) - \mathcal{L}(\boldsymbol{x}^*) - \langle \boldsymbol{x}_t - \boldsymbol{x}^*,\ \nabla\mathcal{L}(\boldsymbol{x}^*) \rangle) +$$

$$\mathcal{L}(\boldsymbol{x}^*) - \mathcal{L}(\boldsymbol{x}_t) + \frac{\beta\varepsilon}{2}$$

$$\leqslant \left(2 - \frac{\beta}{\alpha}\right)(\mathcal{L}(\boldsymbol{x}_t) - \mathcal{L}(\boldsymbol{x}^*)) + \frac{\beta-\alpha}{\alpha}\gamma\Delta + \frac{\beta\varepsilon}{2} \tag{4-55}$$

式 (4–55) 最后一个不等式利用 Cauchy – Schwartz 公式，以及 $\| \nabla\mathcal{L}(\boldsymbol{x}^*) \| \leqslant \gamma$ 及 $\mathcal{S}_G$ 的直径假定。进一步，根据假定 $\gamma\Delta \leqslant \mathcal{O}(\varepsilon)$，重新整理式

（4－55），得到：

$$\mathcal{L}(\boldsymbol{x}_{t+1}) - \mathcal{L}(\boldsymbol{x}^*) \leqslant \left(\frac{\beta}{\alpha} - 1\right)\left[\mathcal{L}(\boldsymbol{x}_t) - \mathcal{L}(\boldsymbol{x}^*)\right] + C\varepsilon \qquad (4-56)$$

式（4－56）中，C 为大于 0 的常量。

定理 4.3　指出在任何迭代中的目标函数与最优值之间的距离在每次迭代中以恒定因子减小（衰减因子是 $\beta/\alpha - 1$，假设是 0~1 的数字）。因此，可知 $\varepsilon - PGD$ 可以线性收敛到半径为 $\mathcal{O}(\varepsilon)$ 球。

使用生成式网络模型来解决各种图像逆问题可以简化为对网络模型范围执行一系列"投影"，这通常具有挑战性，因为生成式网络投影操作本身是一个非凸问题，但是 Shah 等及本章 4.2 节中的研究表明，在特定深度生成式网络结构下，这种类型的投影是可以处理的。同时本节定理 4.3 也表明在 $\mathcal{L}$ 在满足 RSC/RSS 条件下，投影梯度算法是收敛的。

4.4　扩展生成式网络范围的图像逆问题求解方法

4.3 节对目前主流的基于深度生成式先验求解图像逆问题的两类方法进行了分析。无论 CSGM 的梯度下降算法，还是 PGD 投影梯度算法，重建图像都是假设在生成式网络范围内的估计值。如果生成器范围无法完整覆盖待复原图像集合时，则复原图像会产生某些伪像情况，保真度较差。

对于丰富且复杂的自然图像来说，目前生成器尚无法完美学习到图像分布。图 4－1 给出 CSGM 与 PGD 的图像重建结果，两个算法的复原质量大致相同，尽管产生了生动的图像，但是由于生成器的表示误差问题，复原图像与原始图像存在较大的出入、保真度不足。Dhar 等也指出对于压缩感知问题，在现有生成器表示能力有限，所提供的生成模型与目标远离的情况下，增加更多观测或调整算法参数都是完全无效的。因此，基于目前生成器表达能力有限，还有待进一步突破的情况下，不严格约束复原图像来自生成器的范围就显得比较有意义，即探索生成式网络范围外图像逆问题求解问题。

在探索生成式网络范围外图像逆问题求解上，已有的文献不多。Dhar 等提出利用稀疏性对模型偏差进行建模（算法表示为 Sparse - Gen），将信号 x 建模为两部分的叠加：信号 $\boldsymbol{u} = G(z)$ 和信号 $\boldsymbol{v} = B\upsilon$，其中 $\boldsymbol{B}$ 是正交基，υ 是 l - 稀疏向量。在压缩感知问题中，Dhar 等求解稀疏正则的最小损失：

$$(\widehat{z}, \ \widehat{v}) = \arg\min_{z,v} \| B^T \boldsymbol{v} \|_1 + \lambda \ \| \boldsymbol{y} - \boldsymbol{A}(G(z) + \boldsymbol{v}) \|_2^2 \qquad (4-57)$$

图 4 - 1　CSGM 与 PGD 图像重建结果

Dhar 等在文章中证明了在给定 $m = O[(k+l)\ dlogn]$ 度量值情况下，估计值 $\widehat{x} = G(\widehat{z}) + \widehat{v}$ 将接近原始信号 $\boldsymbol{x}$。

Dhar 等尽管给出理论分析及证明，但实际实验效果不太理想，如图4-2所示，在 MNIST 数据集下复原图像的噪点较多；而在 CelebA 数据集下，图像重建完全失效，无论是利用小波稀疏还是 DCT 稀疏结果均不理想。

图 4 – 2 Sparse – Gen 图像重建结果

本书对 CSGM 算法和 PGD 算法的思路进行结合,提出一种新的扩展生成式网络范围的生成式先验图像逆问题求解算法(算法简称为 GP_ BGN),以扩展生成式网络表示能力,取得更保真还原的结果。为了实现这一点,额外增加复原优化变量 $x \in \mathbb{R}^n$,用于表示可超越生成器范围外图像。即考虑最小化生成器范围内图像的度量损失 $\mathcal{L}_z = \| y - AG_\chi(z) \|^2$,同时也考虑最小化范围外图像的度量损失 $\mathcal{L}_x = \| y - Ax \|^2$,其中 $y \in \mathbb{R}^m$ 表示退化图像或观测度量,$z \in \mathbb{R}^k$ 表示隐编码。通过最小化范围误差惩罚项 $\mathcal{L}_{re} = \| x - G_\chi(z) \|^2$ 将范围内图像 $G_\chi(z)$ 与范围外图像 x 进行关联。当预训练的生成器有效地学习图像分布时,这种做法严格地最小化范围误差,反之在没有有效地学习到图像分布时,可以提供一些松弛。通过调整最终目标项中每个损失项附加的权重可以控制松弛量。

在随后 4.5 节各损失项切片分析实验中也发现:单纯利用上述三个损失项,能够求解并得到保真度高且生动的复原图像,但是图像噪点偏多。为此在最终损失项中加入总变分正则项 $\mathcal{L}_{TV} = \| x \|_{TV}$,能够有效压制噪声,进一步提升图像观感。

综上所述,整体优化目标函数为:

$$\min_{x,z}\mathcal{L}_{total}, \quad \mathcal{L}_{total} = \zeta\mathcal{L}_x + \gamma\mathcal{L}_z + \tau\mathcal{L}_{re} + \xi\mathcal{L}_{TV} \tag{4-58}$$

式中，ζ，γ，τ，ξ 为权值。求解过程类似于 PGD 算法的两步骤法，所不同的是，无论是 x 的更新，还是投影过程 z 的更新都变为 CSGM 算法中生成式网络的后向传递过程，通过随机梯度下降方法进行求解，详细的算法过程见表 4-3 所示。变量 x 和 z 分别初始为高斯分布，即 $x^{(0)} \sim \mathcal{N}(0.5, 0.01 * I)$，$z^{(0)} \sim \mathcal{N}(0, 1)$。该过程采用交替优化方法，通过固定其他变量，对当前变量使用梯度下降步骤来最小化目标。

表 4-3 GP_ BGN 图像逆问题求解算法

算法 4.3GP_ BGN 图像逆问题求解算法

输入：y，G_χ，A

输出：$\widehat{x}$

1：$z^{(0)} \sim \mathcal{N}(0, I)$；

2：$x^{(0)} \sim \mathcal{N}(0.5, 0.01 * I)$；

3：$t = 1$；

4：**while** $t <= T$ **do**

5：$z^t \leftarrow \underset{z}{\arg\min} \left\| y - AG_\chi(z) \right\|^2 + \left\| x^{(t-1)} - G_\chi(z) \right\|^2$

6：$x^{(t)} = \underset{x}{\arg\min} \left\| y - Ax \right\|^2 + \left\| x - G_\chi(z^{(t)}) \right\|^2 + \left\| x \right\|_{TV}$

7：$t \leftarrow t + 1$；

8：**end while**

9：**return** $\widehat{x} \leftarrow x^{(T)}$

4.5 实验结果及分析

实验包括三个部分，第一部分的隐向量求解实验对 4.2 节的结论进行验证；第二部分将4.4节所提出的扩展生成式网络范围的图像逆问题求解算法应用于压缩感知和图像修复非盲图像逆问题求解；第三部分实验将4.4节算法进一步扩展应用于盲图像去模糊任务中。

4.5.1 隐向量求解实验

本节首先验证4.2节中对于已训练生成式反卷积网络的高斯权值进行假设。本实验数据集采用手写数字数据集 MNIST，使用深度卷积生成对抗网络（Deep Convolution Generative Adversarial Network，DCGAN）框架来训练生成器和判别器。生成式网络具有四个反卷积层，前三个反卷积层之后是批量归一化和 ReLU，最后一层之后是 Tanh 激活函数。判别器有四个卷积层，前三层后面跟批量归一化和 ReLU，最后一层之后是 Sigmoid 函数。使用学习率为0.1 的 Adam 优化器来优化求解隐编码，优化过程通常在 500 次迭代中收敛。

通过提取生成式网络的滤波器权值，四个反卷积层权值的直方图如图4-3所示。可以观察到：训练的权值非常接近于零均值高斯分布。在其他经过训练的卷积网络（如 ResNet）中也发现了类似的权值分布，此外 Arora 等在文献也报告了类似的结果。这一实验验证了4.2节中关于已经训练生成式网络的高斯权值假设。

为了对定理4.2进行验证，本书构建了一个包含四个反卷积层的生成神经网络，每个反卷积层采用 ReLU 激活函数。四个层的通道数分别设为 $\{4,8,16,1\}$，每个层的卷积核大小均为3，步长为2。为了便于使代价函数可视化呈现，将输入隐空间设置为两维。反卷积核的权值独立同分布来自具有零均值和单位标准差的高斯分布。

图4-4给出在以真实值为中心的网格下，式（4-13）中代价函数 $\mathcal{L}(z)$ 在不同函数下随二维隐码的变化。

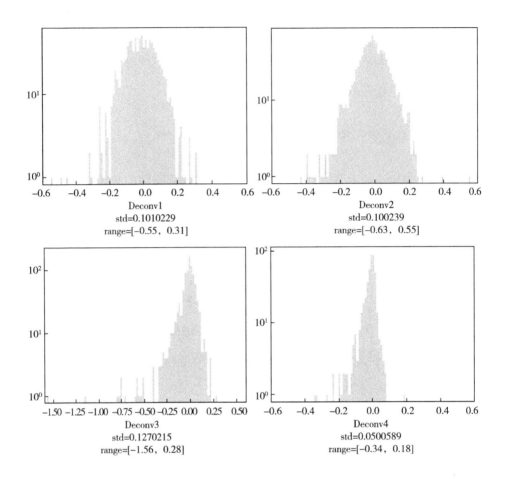

图 4-3　已训练的 DCGAN 生成器反卷积层权值直方图统计

随着隐编码 z 变化示意图。激活函数不仅使用了定理 4.2 中推荐的 Re-LU，也使用了 Sigmoid 和 LeakyReLU 等激活函数。从图 4-4 可见，实验中三种激活函数下，代价函数都存在全局最小值，并具有较明显的准凸面。相同的结论可以扩展到具有更多层和不同内核大小和步长的网络，这在随后的图像逆问题求解实验中给出验证。

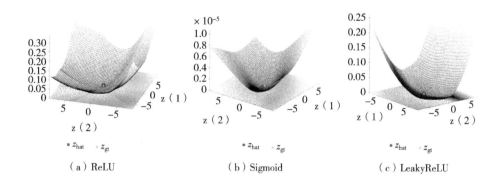

（a）ReLU　　　　　　（b）Sigmoid　　　　　　（c）LeakyReLU

图 4 - 4　代价函数在不同激活函数下随二维隐编码变化

4.5.2　非盲图像逆问题求解实验

本节通过压缩感知和图像修复两个非盲图像逆问题求解任务，应用 4.4 节所提出的扩展生成式网络范围的图像逆问题求解算法（标识为：GP_BGN），并对算法的性能进行对比分析；在随后的 4.5.3 中，笔者将对 GP_BGN 算法进一步扩展，用于求解盲图像去模糊问题。

4.5.2.1　数据集及参数设定

对于非盲复原问题，退化算子 A 假设是已知的，本部分实验主要对算法 4.3 进行验证。在 MNIST 数据集和 CelebA 数据集上进行实验，分别利用两种生成器模型 VAE 和 DCGAN 进行训练。

MNIST 数据库包括 5 万张手写数字的图片，其中 6 万张作为训练图片，1 万张作为测试图片，每张图片大小为 28×28，每个像素值为 0（背景）或是 1（前景），该数据集无须进行预处理，在该数据集上训练一个 VAE 网络。VAE 的输入是向量化 784 维图像，隐空间的维数 k 设置为 20。VAE 的解码器网络是一个 $784 - 500 - 500 - 20$ 的全连接网络，而生成器是一个 $20 - 500 -$

$500-784$ 的全连接网络。利用 Adam 优化器，最小批量大小设置为100，学习率设置为 0.001。

CelebA 数据集包含 202599 张名人脸部图像，本实验采用对齐和裁剪的方法将输入图像调整为 64×64 的 RGB 图像，像素值被调整到 $[-1，1]$ 区间。在这个数据集上训练一个 DCGAN 模型，DCGAN 的输入隐向量维度 k 设置为100，隐向量满足标准正态分布。网络架构采用 Radford 等的设计，如图 $4-5$ 所示。训练中每轮更新一次判别器后，更新两次生成器。每次更新使用 Adam 优化器，最小批次设置为64，学习率为 0.0002。

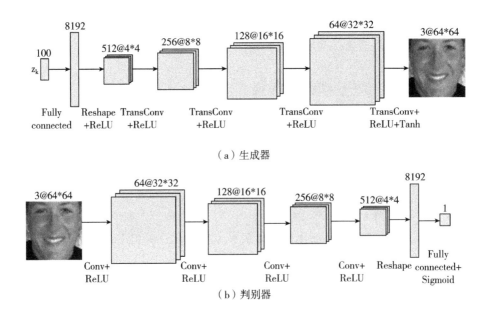

（a）生成器

（b）判别器

图 4 - 5　DCGAN 网络结构

在图像逆问题求解测试阶段，式（4 - 58）中损失函数的权值 ζ、γ、τ、ξ 分别设置为 $\{1.0，0.5，100，0.001\}$，迭代次数设置为 10000 次，采用学习率为 0.005 的 Adam 优化器求解。在所有定量实验中，报告的重建误差都是在选取的测试集图像上取平均值。实验的硬件配置为：CPU 为 Intel（R）Core（TM）i7 – 8700K @ 3.70GHz，RAM 为 32G，GPU 为 NVIDIA GTX 1080Ti。在 Python 环境下进行测试。本部分实验以视觉主观对比为主进行评价。

4.5.2.2　压缩感知

在压缩感知任务下，给定一个图像的欠采样线性度量，目标是从压缩观测中恢复图像，由于图像 x 被欠采样，存在一个图像的仿射空间与度量一致。基于深度生成式网络先验，如果图像位于生成式先验的范围内或附近，则认为图像是自然的。在这一问题中，设 $A \in \mathbb{R}^{m \times n}$（$m < n$）是度量矩阵，每个矩阵元素满足独立同分布的高斯分布（均值为 0，标准差为 $1/m$）。噪声向量 η 的每个元素同样是独立同分布的随机变量。对于 MNIST 数据集，由于手写图像的稀疏性，将 LASSO 和 CSGM 作为对比算法进行比较。对于 CelebA 数据集，对比算法除了 CSGM 之外，还采用两个域的 LASSO 稀疏复原方法：二维离散余弦变换（LASSO – DCT）、二维 Daubechies1 小波变换（LASSO – Wavelet），对图像每个颜色通道 DCT 系数或者 Daubechies1 系数上实施 ℓ_1 惩罚。实验中，LASSO – DCT 和 LASSO – Wavelet 的收敛参数分别设置为 0.1 和 0.00001，CSGM 利用作者发布的代码进行实验测试。

通过对不同压缩感知算法进行定量和定性的对比来评价性能，为了量化比较，定义重建误差 $RE = \| \widehat{x} - x^* \|^2 / n$，其中 $\widehat{x}$ 是执行算法所得到原始图像 x^* 的估计值，n 是像素个数。测试图像选择在生成式模型训练阶段未曾出现的图像。

图 4 – 6 给出对比方法随度量数量变化重建误差的变化情况，图 4 – 6（a）为 MNIST 数据集下的结果，图 4 – 6（b）为 CelebA 数据集下的结果。从图中可以看出本书算法和 CSGM 相比于 LASSO，能够在更少度量值情况下

取得更低的误差。例如：在 MINIST 数据集下，度量数目为 25 情况下的本书算法的性能与 LASSO 的 400 度量值下性能是相当的，在 CelebA 数据集下可以得到类似的结果。

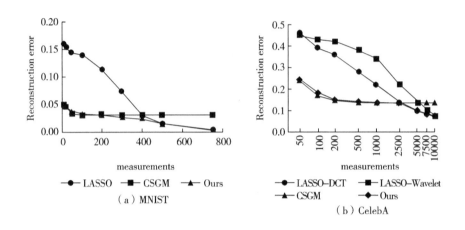

图 4-6　GP_BGN 压缩感知性能对比（像素重建误差随度量数目变化）

由于 CSGM 算法设定解在生成器范围之内，在 MNIST 数据集下度量值达到 100、CelebA 数据集下度量值达到 500 的情况下，其性能会趋于饱和，额外增加度量并不会降低重建误差。而 LASSO 并没有这一限制，随着度量数目的增加，重建误差持续降低，并最终优于 CSGM。而本书算法 GP_BGN 与 LASSO 类似，随着度量值的增加性能仍然可以提升，并取得与 LASSO 相当的度量误差。

图 4-7 和图 4-8 给出 MNIST 数据集下度量值分别为 50 和 400 时的重建结果视觉对比（本书算法标识为 GP_BGN），图 4-9 和图 4-10 给出 CelebA 数据集下度量值分别为 500 和 7500 时的重建结果视觉对比。

图 4 – 7　GP_ BGN 在 MNIST 测试集压缩感知图像重建

结果视觉对比（度量值 = 50）

图 4 – 8　GP_ BGN 在 MNIST 测试集压缩感知图像

重建结果视觉对比（度量值 = 400）

　　从实验结果来看，本书算法在所有欠采样比率下的重建视觉质量均优于 CSGM 和 LASSO，尤其是重建图像的保真度。与 Bora 等的实验结果一致，本书实验也证明 CSGM 能够在度量值减少的情况下，实现与稀疏先验相当的重建误差，但当存在足够数量的测量时，稀疏度先验 LASSO 会优于 CSGM，因为 DCT 和小波基具有零表示误差，由于本书算法采用扩展生成式网络范围的设计，在高度量值情况下，可以提供与 LASSO 类似的复原误差。

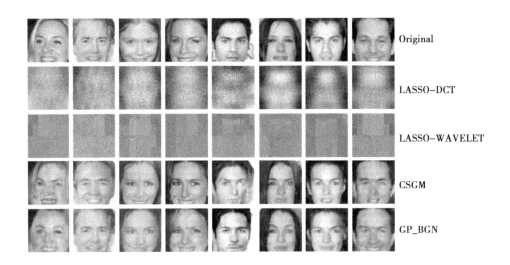

图 4 – 9　GP_ BGN 在 CelebA 测试集压缩感知图像重建

结果视觉对比（度量值 = 500）

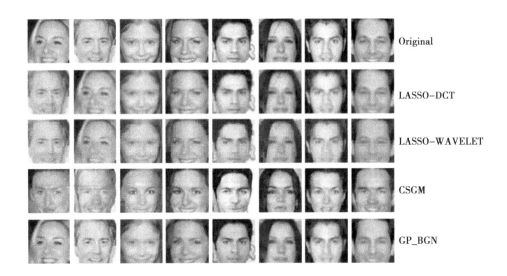

图 4 – 10　GP_ BGN 在 CelebA 测试集压缩感知图像

重建结果视觉对比（度量值 = 7500）

4.5.2.3 图像修复

图像修复实验在 CelebA 数据集上进行，缺失掩码设计大块空白区域和随机缺失像素两种类型。大块空白区域设计了三种：中心 32×32 数据块（缺失 50% 数据）、左侧 32×32 数据块（缺失 50% 数据）和中心 44×44 数据块（缺失 70% 数据）。随机缺失像素也设计了三种情况：随机缺失 20%、随机缺失 50% 和随机缺失 80%。对比方法选择基于小波系数的 ℓ_1 范数方法（表示为 L1 – Wavelet）、One Network、Semantic Inpaiting、CSGM 等，采用了作者公开发布的代码，其中 One Network 是深度网络与基于分析模型结合的方法，而 Semantic Inpaiting 是基于深度生成式模型的方法。

图 4 – 11　GP_ BGN 图像修复填充结果视觉对比（随机缺失 20% 的像素）

图 4 – 12　GP_ BGN 图像修复填充结果视觉对比（随机缺失 **50%** 的像素）

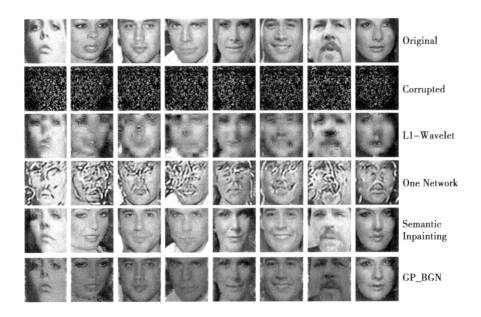

图 4 – 13　GP_ BGN 图像修复填充结果视觉对比（随机缺失 **80%** 的像素）

图 4 – 11、图 4 – 12、图 4 – 13 分别给出随机缺失 20%、50%、80% 像素的图像修复视觉对比结果。从图中可见，本书方法（图中标识：GP – BPN）具有明显更高的视觉质量。在随机缺失 20% 和 50% 像素的实验中，相比 Semantic Inpaiting 方法，无论是整体图像保真度还是局部细节的生动度，本书方法都更有优势。

在随机缺失 80% 像素情况下，L1 – Wavelet 方法和 One Network 方法已经无效，无法提供可行的图像逆问题求解结果；本书方法复原图像的亮度偏低，但复原图像的保真度仍然出色，Semantic Inpaiting 方法尽管取得生动的复原图像，但是复原图像与原始图像的偏差比较严重，保真度严重不足，这是因为 Semantic Inpaiting 方法生成式网络范围内复原的设定，而本书算法采用扩展生成式网络范围的设计，兼顾了复原还原度和图像的生动度。

图 4 – 14　GP_ BGN 图像修复填充结果视觉对比（缺失 32 × 32 中心块）

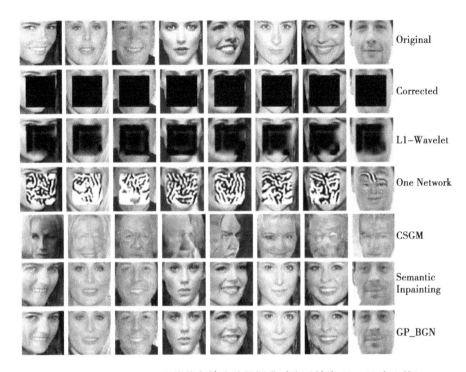

图 4-15　GP_ BGN 图像修复填充结果视觉对比（缺失 44×44 中心块）

图 4-16　GP_ BGN 图像修复填充结果视觉对比（缺失左侧 32×32 块）

图 4-14、图 4-15、图 4-16 分别给出缺失 32×32 中心块、缺失 44×44 中心块、缺失左侧 32×32 块三种大块图像缺失情况下的修复视觉对比。由于分别缺失 50%、70% 及 50% 的大块图像内容，所以这三组实验是具有挑战性的。L1-Wavelet 方法和 One Network 方法在所有三组实验中都完全失效。借助于生成式模型强大的图像生成能力，Semantic Inpaiting 方法和本书方法都能给出相对令人满意的结果，但是 Semantic Inpaiting 方法复原图像的保真度相比本书方法略差。

在缺失 44×44 中心块（缺失 70% 数据）的实验中，笔者也将 CSGM 方法加入了对比，该方法同样基于生成式模型，尽管最初用于压缩感知求解任务，但其亦可推广应用到超分辨及图像修复问题，但从实验结果看，采用 CSGM 方法还原的图像出现严重的失真，即无法还原原始图像，也无法提供生动合理的图像。

在缺失左侧 32×32 图像块的修复任务中，本书方法也出现了一定偏差，如图 4-16 第 6 列图像所示，原始图像男士戴了一副墨镜，但算法只还原出佩戴单只眼镜的图像，该问题有待进一步结合语义加以优化。而 Semantic Inpainting 方法因为设定在生成器范围内进行复原，出现较大的复原误差（没有戴眼镜），从这个例子中也可以看出本书扩展生成器网络范围算法的优势。

4.5.2.4　收敛性分析

本节给出实验性的方法来说明算法 4.3 的收敛性，这也从另一方面验证了 4.2 节理论的可扩展性。图 4-17 给出总体损失函数及其各组成部分损失函数在图像逆问题求解执行过程中的收敛情况，从迭代曲线中可以看出（纵坐标进行对数化处理），算法的总体损失函数值 $\mathcal{L}_{total}$ 及其三个组成部分损失函数值（$\mathcal{L}_x$、$\mathcal{L}_z$、$\mathcal{L}_{re}$）随着迭代的进行，所有曲线都是逐渐下降的，并最终趋于平坦和稳定。

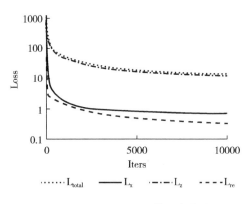

图 4 - 17　GP_ BGN 算法收敛性

4.5.3　盲图像去模糊实验

4.5.2 节在假设退化算子 **A** 已知情况下，进行了压缩感知图像重建及图像修复等非盲图像逆问题求解任务。算法 4.3 可以进一步推广到盲图像逆问题求解任务（**A** 不可知的情况中），本节主要研究盲图像去模糊任务。

盲图像去模糊旨在从模糊和噪声的观察中恢复真实图像 **x** 和模糊核 **k**。对于均匀和空间不变的模糊，它可以在数学上表示如下：

$$\boldsymbol{y} = \boldsymbol{x} \otimes \boldsymbol{k} + \boldsymbol{n} \tag{4-59}$$

式中，$\otimes$ 表示模糊算子，**n** 表示加性高斯噪声。式（4 - 59）求解是严重不适定的问题，因为 **x** 和 **k** 的许多不同实例适合观测 **y**。

假设式（4 - 59）中的图像 $x \in \mathbb{R}^n$ 和模糊核 $k \in \mathbb{R}^n$ 分别属于图像类 $\mathcal{X}$ 和模糊核集合 $\mathcal{K}$ 的成员。例如：$\mathcal{X}$ 是一组名人面孔集合，$\mathcal{K}$ 是运动模糊集合。可以利用 $\mathcal{X}$ 和 $\mathcal{K}$ 集合中代表性样本去训练每个类的生成模型，分别用映射 $G_{\mathcal{X}}: \mathbb{R}^k \to \mathbb{R}^n$ 和 $G_{\mathcal{K}}: \mathbb{R}^p \to \mathbb{R}^n$ 表示 $\mathcal{X}$ 类和 $\mathcal{K}$ 类的生成器。在给定低维输入 $z_x \in \mathbb{R}^k$ 和 $z_k \in \mathbb{R}^p$，预训练生成器 $G_{\mathcal{X}}$ 和 $G_{\mathcal{K}}$ 分别生成样本 $G_{\mathcal{X}}(z_x)$ 和 $G_{\mathcal{K}}(z_k)$ 代表类 $\mathcal{X}$ 和 $\mathcal{K}$。一旦完成训练，两个生成器的权重就是固定的。为了从模糊图像 **y** 恢复清晰图像和模糊核（**x**，**k**），对算法 4.3 的损失函数做以下调整

（$\mathcal{L}_{TV}$ 不变）：

$$\mathcal{L}_z = \parallel \boldsymbol{y} - G_{\mathcal{K}}(z_k) \otimes G_{\mathcal{X}}(z_x) \parallel^2, \quad \mathcal{L}_x = \parallel \boldsymbol{y} - G_{\mathcal{K}}(z_k) \otimes \boldsymbol{x} \parallel^2, \quad \mathcal{L}_{\mathrm{re}} =$$

$$\parallel \mathrm{x} - G_{\mathcal{X}}(z_x) \parallel^2 \tag{4-60}$$

综上所述，整体优化程序变为：

$$\underset{x,z_x,z_k}{\mathrm{argmin}} \mathcal{L}_{total}, \quad \mathcal{L}_{total} = \zeta \mathcal{L}_x + \gamma \mathcal{L}_z + \tau \mathcal{L}_{re} + \xi \mathcal{L}_{TV} \tag{4-61}$$

在算法 4.3 基础上，盲图像去模糊任务需要额外设计及预训练一个模糊核生成器，优化求解变量调整为从两个（$\boldsymbol{x}$，z）变为三个（$\boldsymbol{x}$，z_x，z_k）。算法在预训练图像生成器和模糊核生成器范围内搜索一对（$\widehat{x}$，$\widehat{k}$）以逼近模糊图像 y，在生成式先验模型下利用交替梯度下降方法能够恢复模糊核 k，从模糊图像 y 中恢复近似真实图像 $\widehat{x}$。对算法 4.3 进行修改，得到扩展生成式网络范围的盲图像去模糊算法（表示为 BGN_ GPDB），具体算法过程如表 4-4 所示。

表 4-4　BGN_ GPDB 盲去模糊算法

算法 4.4　BGN_ GPDB 盲去模糊算法

输入：$\boldsymbol{y}$，$G_{\mathcal{X}}$，$G_{\mathcal{K}}$

输出：$\widehat{x}$，$\widehat{k}$

1：$z_x^{(0)} \sim \mathcal{N}(0, I)$

2：$z_k^{(0)} \sim \mathcal{N}(0, I)$

3：$x^{(0)} \sim \mathcal{N}(0.5, 0.01 * I)$

4：$t = 1$

5：**while** $t <= T$ **do**

6：$z_x^{(t)} \leftarrow \underset{z_x}{\mathrm{argmin}} \parallel \boldsymbol{y} - G_{\mathcal{K}}(z_k) \otimes G_{\mathcal{X}}(z_x) \parallel^2 + \parallel \boldsymbol{x}^{(t-1)} - G_{\mathcal{X}}(z_x) \parallel^2$

7：$z_k^{(t)} \leftarrow \underset{z_k}{\mathrm{argmin}} \parallel \boldsymbol{y} - G_{\mathcal{K}}(z_k) \otimes G_{\mathcal{X}}(z_x^{(t)}) \parallel^2 + \parallel \boldsymbol{x}^{(t-1)} - G_{\mathcal{X}}(z_x^{(t)}) \parallel^2$

8：$\boldsymbol{x}^{(t)} = \underset{x}{\mathrm{argmin}} \parallel \boldsymbol{y} - G_{\mathcal{K}}(z_k^{(t)})^T \otimes \boldsymbol{x} \parallel^2 + \parallel \boldsymbol{x} - G_{\mathcal{X}}(z_x^{(t)}) \parallel^2 + \parallel \boldsymbol{x} \parallel_{TV}$

9：$t \leftarrow t + 1$；

10：**end while**

11：**return** $\widehat{x} \leftarrow x^{(T)}$，$\widehat{k} \leftarrow G_{\mathcal{K}}(z_k^{(T)})$

运动模糊生成式模型采用 *VAE* 网络，其网络结构如图 4 - 18 所示。使用隐向量维度 50、批量大小 5 和学习率 10^{-5} 的 Adam 优化器训练该 *VAE*。在训练之后，解码器部分被提取作为模糊生成式模型 G_K。

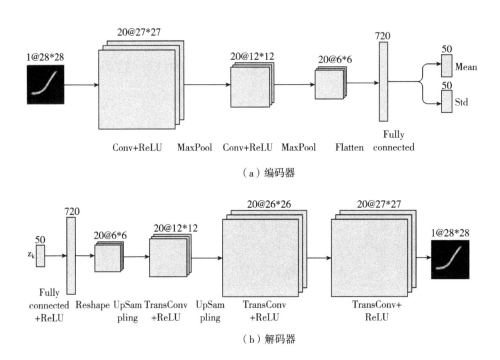

图 4 - 18 模糊核变分自编码器网络结构

本书采用 Boracchi 等的方法，通过生成长度在 5 ~ 28 模糊核，构建了包含八万个模糊核的数据集用于训练和测试，其中两万个作为测试集，该数据集的示例模糊核如图 4 - 19 所示。

图像数据集实验仍然利用 CelebA 数据集，预先训练 DCGAN 生成式网络。对比方法选择 DeblurGAN、CNN_ DTD、DeblurL0 等。图 4 - 20 给出不同方法的实验对比结果。从图像逆问题求解质量看，本书方法明显好于 DelburL0 和

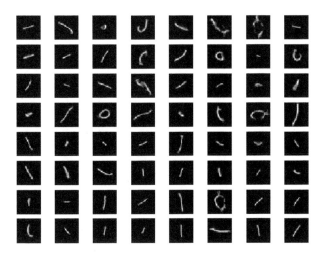

图4-19　生成模糊核示例

CNN_DTD 方法，DeblurGAN 虽然也具有竞争力，但通过仔细观察发现，De-blurGAN 虽然画质清晰，但却偏离了原始图像，画面出现一定的保真偏差。而本书方法复原的图像更接近真实图像，面部细节如表情、鼻子、眼睛保真度较好，同时整体画面的生动感更强。

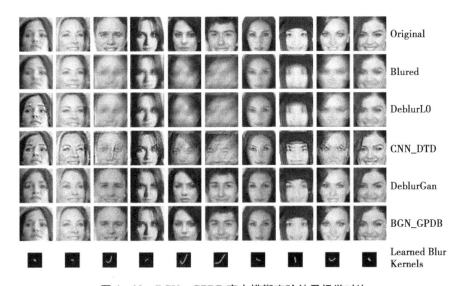

图4-20　BGN_GPDB 盲去模糊实验结果视觉对比

图 4 - 21   BGN_ GPDB 不同损失函数项实验结果视觉对比

实验对算法中的损失函数也进行了切片分析，分别对缺少 $\mathcal{L}_x$、$\mathcal{L}_z$、$\mathcal{L}_{TV}$ 损失项情况下复原结果进行了实验对比。图 4 - 21 给出实验结果，在缺少 $\mathcal{L}_x$ 情况下，画面虽然较为生动、观感较好，但出现缺失边缘细节、过度平滑的现象，相比原始图像的保真度较差，这种情况也是目前生成式范围内图像逆问题求解算法的主要问题。在缺少 $\mathcal{L}_z$ 情况下，大部分模糊图像的保真度较为理想，但画质相对较差，生动性不足，少部分图像出现了复原失败的情况。在缺少 $\mathcal{L}_{TV}$ 情况下，复原图像总体还原情况与本书 BGN_ GPDB 算法比较接近，但通过仔细观察发现，复原图像画面总体噪点较多，$\mathcal{L}_{TV}$ 正则项的加入，明显有助于噪声的压制，使得画面清晰度更为理想。

4.6   本章小结

本章从全局图像先验角度研究了基于深度生成式先验的图像逆问题求解。

针对深度生成式先验模型的相关理论研究还不完备的情况，本章研究了生成式网络的可逆求解理论，重点对反卷积生成式网络的可逆求解进行分析，证明对于 ReLU 函数、高斯权值的浅层反卷积生成式网络采用梯度下降可以有效地从网络输出反向推导出输入隐编码。通过实验也例证了对于使用具有其他非线性激活函数和多层结构的生成式模型，可以得出相同的结论；分析了 CSGM 算法及投影梯度算法，并证明在目标函数满足受限强凸/受限强平滑条件下，投影梯度算法是收敛的。后文将探讨关于 LeakyReLU 等其他激活函数以及噪声观测等情况下可逆求解的理论证明。

　　针对目前生成器表达能力有限、生成式网络范围外的图像逆问题求解有待探索，本章提出新的超越生成式网络范围的图像逆问题求解算法，同时考虑生成器范围内图像的还原损失项和范围外图像的还原损失项，生成器范围内图像与范围外图像通过最小化额外的范围误差惩罚项进行关联，通过调整最终目标项中每个损失项附加的权重来控制误差松弛量，以实现扩展生成式网络表示能力，引入总变分正则项以有效压制噪声，进一步提升图像观感。将所提出的算法应用于压缩感知、图像修复等非盲图像逆问题求解以及盲图像去模糊任务。相比于对比方法，无论是复原图像的生动程度，还是图像保真度，本书提出的都更为出色。

　　本章提出的基于生成式先验的图像逆问题求解思路不仅限于压缩感知、填充修复、去模糊等图像逆问题求解，还可以应用到信号处理和计算机视觉等其他的逆问题求解中。下一章将进一步研究基于判别式学习水下图像逆问题求解。

第5章　基于对抗编码解码网络的
水下图像逆问题求解

　　由于复杂的水下环境，水下图像逆问题求解（增强）仍然是个挑战，为了提高水下图像的视觉质量，本章提出了两种水下图像逆问题求解方法。在基于模型的方法方面，提出一种基于显著性引导多尺度先验融合的水下图像逆问题求解方法（Multi – Scale Priors Fushion by Saliency – Guided，MSPF_SG），通过联合先验估计总体介质透射率，并对 RGB 三个通道的介质透射率分别估计，用光源的颜色替换全局背景光，以校正退化的水下图像上出现的偏色。

　　在基于深度判别式学习方法方面，本章提出一种基于对抗编码解码网络的水下图像逆问题求解模型（Underwater Restoration Model Based on Adversary Encoder – Decoder Network，URM_ AEDN），损失函数将 ℓ_1 范数、多尺度结构相似性度量以及对抗损失相结合，以对抗学习方式，实现端到端的水下图像逆问题求解。对不同场景（蓝色、绿色、雾等）的水下图像进行了全面评估，相比对比方法，MSPF_ SG 方法在复原图像颜色和对比度上更有优势，而 URM_ AEDN 方法在不同场景水下图像逆问题求解的结果显示，无论在主观视觉还是客观度量上后者都更为均衡和优秀，凸显了数据驱动的深度判别式学习的强大能力。

5.1　引言

开发、探索和保护海洋资源已成为各国的战略发展要点，清晰的水下图像和视频可以提供有关水下世界的宝贵信息，这些信息对于水下探测、水下考古、水下监测等众多工程和研究任务至关重要。例如：视觉引导的自主水下航行器（Autonomous Underwater Vehicles，AUV）和遥控航行器（Remotely Operated Vehicles，ROV）广泛应用于海洋物种和珊瑚礁迁移监测、海底电缆检查、水下场景分析、人机协作等领域，尽管通常使用高端相机，但可见度差、可见光折射、吸收和散射等水下因素严重影响了视觉成像质量，降低了这些设备视觉任务的性能，例如跟踪、检测、分类、分割等。

水下图像逆问题求解（也称为水下图像增强）研究关注于提高不同水下场景下所获得图像的视觉质量，近年来该研究领域引起了越来越多学者的关注。然而水下环境复杂，水下图像的增强和复原仍然是挑战。水下图像逆问题求解算法旨在从退化输入中产生视觉观感良好的高质量图像，这类算法通过克服水下场景的光散射和其他环境因素来提高可见度及减轻偏色。本书将水下图像逆问题求解算法分为以下三种类型：

（1）非模型方法。非模型方法在空间域或是变换域中对给定图像像素值进行调整，无须显式对水下图像形成过程建模。空间域常用方法包括：直方图均衡、Gray World 算法、对比度受限的自适应直方图均衡（CLAHE）、色彩还原的多尺度视网膜皮层方法、自动白平衡和色彩恒常性等方法。变换域方法将图像像素映射到变换域中，利用变换域的物理属性进行调整，常用的变换包括傅里叶变换和小波变换。空间域方法可以在某种程度上改善视觉质量，但也可能加剧噪点，引入伪像并导致颜色失真。变换域方法在去噪声方面表现良好，但存在对比度低、细节损失和偏色等问题。由于水下环境和照明条件的复杂性，这些增强技术仅依靠观测信息很难从水下退化图像中恢复高质量图像。

（2）基于模型的方法。基于模型的方法通过明确定义物理成像过程，根据观测值和各种先验假设估算成像模型的参数，通过对成像退化过程进行反转以复原清晰的水下场景。一般通过估计全局大气光和透射率等参数以提高可见度，并使用传统的非模型技术（例如颜色平衡或直方图均衡化）校正偏色。

研究人员也尝试将基于先验模型的除雾算法扩展到水下场景，但除雾算法必须适应红光在水中的严重衰减，以适用于水下场景。例如：几种基于先验的方法都利用了暗通道先验（Dark Channel Prior，DCP），这是估计雾图像的透射（深度）图的最有效手段之一。Chiang 等对 DCP 进行了修正，通过补偿衰减来恢复色彩平衡。Drews 等提出修改后的水下 DCP 只应用于蓝色和绿色通道。Galdran 等通过表示红色通道上的衰减特征，提出了基于 DCP 的红色通道先验。

研究人员还提出了各种水下图像的物理先验。Nicholas 等利用通道差异的特征来估计场景深度。Wang 等提出一种最大衰减识别方法（Maximum Attenuation Identification，MAI），该方法仅使用红色通道信息来生成深度图和大气光。Peng 等提出了一种使用图像模糊和光吸收的深度估计方法。Wang 等提出了一种适用于水下图像增强和去雾的自适应衰减曲线先验。

上述基于先验的方法的共同缺点在于这些先验对于某些特定的环境（场景）以及严重的偏色情况无效。例如：DCP 不适用于白色物体或区域。

（3）基于深度学习的方法。在过去十年中，深度神经网络在计算机视觉领域取得了巨大成功。在图像去雾问题中，卷积神经网络以端到端的方式学习从退化图像到清晰场景的直接映射。水下图像和雾图像成像模型的相似性启发研究人员将 CNN 除雾的网络架构应用于数据驱动的水下图像逆问题求解。Li 等通过大量样本训练了一个端到端网络 WaterGAN，该网络由深度估计模块和颜色校正模块组成。Hou 等提出了一种水下残差网络来同时优化透射图和纠正偏色。与上述端到端网络不同，Liu 等基于图像生成过程，引入了 CNN 或轻量级的残差学习框架，将物理先验和数据驱动结合起来，以完成水下图像增强任务。

尽管上述研究已经卓有成效，但水下成像中海水类型的多样性、动态水流、颜色偏差和低照度等更复杂的因素要求设计更有效的网络结构及更好的损失函数。

本章提出两种水下图像逆问题求解方法：第一种是基于模型的方法，研究通过显著性引导的多尺度融合技术，联合两个水下图像先验对介质透射率进行估计，从而完成水下图像逆问题求解任务；第二种基于深度判别式学习的方法，提出一种对抗编码解码网络的水下图像逆问题求解模型，损失函数结合 ℓ_1 度量、多尺度结构相似性度量及对抗损失，以端到端的方式完成水下图像逆问题求解。

5.2　显著性引导多尺度先验融合的水下图像逆问题求解方法

本节提出一种基于显著性引导多尺度先验融合的水下图像逆问题求解方法（表示为：MSPF_SG）。与之前的假定大气光是从最亮的区域获得的方法不同，本节假定大气光与光源的颜色相同，通过有效的颜色恒定性方法估计全局背景光；通过显著性引导（Saliency – Guided）的多尺度融合技术，联合先验估计总体介质透射率，基于水下成像的光学特性，对 RGB 三个通道的介质透射率分别估计；利用估计的整体背景光和介质透射率，根据水下图像形成模型获得复原的水下图像。实验结果表明，该方法不仅可以将退化的水下图像复原为相对真实的颜色和自然外观，而且可以提高对比度和可见度。

5.2.1 水下图像形成模型

大多数水下图像逆问题求解方法直接采用空气中雾图像的形成模型，这样的水下图像形成模型可以描述为：

$$I^c(\boldsymbol{x}) = J^c(\boldsymbol{x})t^c(\boldsymbol{x}) + A^c(1 - t^c(\boldsymbol{x})), \; c \in \{R, \, G, \, B\} \tag{5-1}$$

式中，c 表示不同的 RGB 颜色通道，$I(\boldsymbol{x})$ 表示观测图像，$J(\boldsymbol{x})$ 表示待复原的真实图像，A 表示全局背景光，介质透射率 $t(\boldsymbol{x})$ 定义为：

$$t^c(x) = \exp(-\beta^c \mathrm{d}(x)) \in [0, \, 1], \; c \in \{R, \, G, \, B\} \tag{5-2}$$

式中，$t(x)$ 表示到达相机的场景散射的百分比；$\mathrm{d}(x)$ 表示场景深度；而 β 表示介质透射的散射系数，其取决于水下图像的水质、深度和盐度。水下图像逆问题求解方法通常估计 A 和 $t(x)$ 这两个关键参数以提高可见度，并使用传统的非模型技术（例如颜色平衡或直方图均衡化）校正偏色。

上述模型忽略了水下成像和光照条件的属性，所以并不适用于水下场景。为了符合水下成像原理并获得更好的性能，Codevilla 等提出了一种新的水下成像模型，定义为：

$$I^c(\boldsymbol{x}) = E_d^c(\boldsymbol{x}) + E_{bs}^c(\boldsymbol{x}), \; c \in \{R, \, G, \, B\} \tag{5-3}$$

式中，$E_d^c(\boldsymbol{x})$ 表示直散光，$E_{bs}^c(\boldsymbol{x})$ 表示后向散射光。直射光 $E(\boldsymbol{x})_d^c$ 进一步定义为：

$$E_d^c(\boldsymbol{x}) = J^c(\boldsymbol{x})t^c(\boldsymbol{x}) = J^c(\boldsymbol{x})\exp(-\beta^c d(\boldsymbol{x})), \quad c \in \{R, G, B\} \qquad (5-4)$$

式中，$J(\boldsymbol{x})$ 表示没有衰减的水下图像（期望图像），而 $t(\boldsymbol{x}) = \exp(-\beta d(\boldsymbol{x}))$ 表示介质透射率。根据将 $J(\boldsymbol{x})$ 视为从 Lambertian 表面上获取的一般图像的假设，$J(\boldsymbol{x})$ 可以描述为颜色恒定性图像形成模型：

$$J^c(\boldsymbol{x}) = L^c M^c(\boldsymbol{x})C^c, \quad c \in \{R, G, B\} \qquad (5-5)$$

式中，L 表示光源的颜色，$M(\boldsymbol{x})$ 表示在没有衰减和偏色的待复原水下图像表面上的反射率，C 是相机灵敏度参数。这里将相机灵敏度参数 C 视为常数 1。因此，$J(x)$ 可以表示为：$J^c(x) = L^c M^c(\boldsymbol{x}), \quad c \in \{R, G, B\}$

$$(5-6)$$

根据 Jaffe – McGlamery 成像模型，后向散射 $E_{bs}^c(\boldsymbol{x})$ 可以定义为：

$$E_{bs}^c(\boldsymbol{x}) = A^c[1 - t^c(\boldsymbol{x})], \quad c \in \{R, G, B\} \qquad (5-7)$$

式中，A 表示全局背景光，当假设沿视线均匀照明时，可以将其视为来自无限远处的光。通过考虑来自无限处的全局背景光与光源 L 具有相同的颜色，可以将最终的水下图像形成模型定义为：

$$I^c(x) = L^c M^c(\boldsymbol{x})t^c(\boldsymbol{x}) + L^c[1 - t^c(\boldsymbol{x})], \quad c \in \{R, G, B\} \qquad (5-8)$$

在已知 L^c 和 $t^c(\boldsymbol{x})$ 情况下，$M^c(\boldsymbol{x})$ 可以通过 $I^c(x)$ 求解。因此，本书着重研究光源颜色 L^c 和介质透射率 $t^c(\boldsymbol{x})$ 的估计。

5.2.2　光源颜色的估算

许多方法假设全局背景光可以从输入图像中最亮的区域近似得到。然而，当水下场景中存在白色物体和人造光时，就无法做出这样的假设。为了解决这一问题，本书假设水下图像的光线在视线方向上是均匀的，并且来自无穷远处的光与光源的颜色相同，然后将模型中的全局背景光作为光源的颜色。受色彩恒常性算法的启发，本书利用局部表面反射率统计量（Local Surface

Reflectance Statistics，LSRS）来估计光源颜色，细节参见 Gao 等的文献，其他颜色恒常性方法也可用于光源颜色的估计。

5.2.3 显著性引导的多尺度先验融合

近年来已经提出了一些有效的先验，例如暗通道先验和色彩衰减先验等用于单图像去雾。与图像去雾研究领域相比，水下图像逆问题求解研究领域很少有研究水下图像先验的工作。此外，将现有的水下图像先验技术应用于不同场景水下图像时，也显示出局限性。Carlevaris - Bianco 等通过利用水下图像中三个颜色通道之间的衰减差异，提出了一种简单的水下图像增强先验，称其为强度衰减差异先验 IATP。基于 IATP，可以估计水下场景的介质透射率。首先，将 IATP 定义为图像块上的红色通道的最大强度与绿色和蓝色通道的最大强度进行比较，并表示为：

$$D(\boldsymbol{x}) = \max_{x \in \Omega, c \in |R|} \left[I^c(\boldsymbol{x}) \right] - \max_{x \in \Omega, c \in |G,B|} \left[I^c(\boldsymbol{x}) \right] \qquad (5-9)$$

式中，$D(\boldsymbol{x})$ 表示 IATP，$I^c(\boldsymbol{x})$ 表示输入图像，Ω 表示图像块集合。根据 IATP，可以通过以下方式估算水下图像 $t(\boldsymbol{x})$ 的介质透射率：

$$t(\boldsymbol{x}) = D(\boldsymbol{x}) + \left[1 - \max_x D(\boldsymbol{x}) \right] \qquad (5-10)$$

尽管 IATP 对于许多水下场景而言相对有效，但在某些复杂水下场景下，IATP 在某些区域中对介质透射率会产生不准确的估计。图 5 - 1 显示了由 IATP 估算的几种介质透射率的不准确结果。第一行给出水下图像。第二行为估计的介质透射率示意图，图中红色代表像素具有较高的值（即这些像素靠近相机），蓝色代表像素具有较低的值（即这些像素远离相机）。

Drews 基于对传统暗通道先验 DCP 的改进，提出了水下暗通道先验（Underwater Dark Channel Prior，UDCP）。DCP 对于室外雾图像非常有效，其是根据无雾图像的实验统计数据提出的，DCP 表示无雾图像中的大多数局部色块

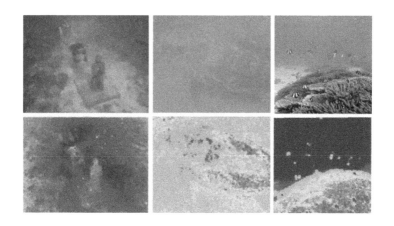

图 5-1　IATP 不准确估计示例

包含一些像素，这些像素在至少一个颜色通道中的强度非常低。但是，Drews 等发现红色通道严重衰减（大约为零），因此 DCP 在许多实际水下场景中均不可用，这一事实使红色通道的信息对于 DCP 来说不可靠。因此，Drew 等提出了仅考虑绿色和蓝色通道所提供信息的 UDCP。UDCP 表示无雾水下图像中的大多数局部色块都包含一些像素，这些像素在绿色通道和蓝色通道之间的至少一个颜色通道中具有非常低的强度。基于 UDCP 的介质透射率 $t(x)$ 可以通过以下方式估算：

$$t(\boldsymbol{x}) = 1 - \min_c \left[\min_{x \in \Omega} (I^c / B^c) \right], \ c \in \{G, B\} \tag{5-11}$$

式中，I^c 表示输入图像，B^c 表示全局背景光，Ω 表示图像块的集合。UDCP 在某些区域中也会产生不准确的介质透射率估计。图 5-2 是一些 UDCP 估计的介质透射率不准确的例子。

可见使用单个先验不完全有效，为了提高所提出框架的鲁棒性，可以结合上述 IATP 和 UDCP 进行介质透射率估计。使用联合先验的主要原因是，通过实验发现，由 IATP 或 UDCP 估计的介质透射率的显著区域相对准确。但是

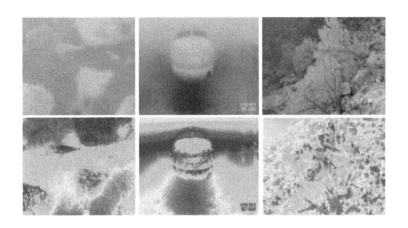

图 5 - 2   UDCP 估算不准确示例

目前还很难用数学方法证明这一发现。此外，ITAP 和 UDCP 都假定红光首先消失，相似的假设可以加速这些先验的融合。实际上可以直接使用其他有效且准确的水下图像逆问题求解算法，但是对于具有挑战性的场景，没有足够准确和可靠的先验信息。目前来看，IATP 和 UDCP 是相对有效的先验。为了结合这两个先验，采用由输入介质透射率的固有属性来驱动的显著性指导的多尺度融合方案，该方案突出复原结果中的显著区域，即复原结果中的显著区域相对准确。与其他联合方案相比，多尺度融合方案可以减少引入光晕和噪声。

因此，本书使用输入介质透射率的显著性来确定哪个像素在最终介质透射率中更容易出现，最终的介质透射率 $t_f(x)$ 可以通过将所有输入的融合贡献累加得出，表示为：

$$t_f^l(\boldsymbol{x}) = \sum_{k=1}^{K} G^l\{\overline{S}^k(\boldsymbol{x})\} L^l\{t^k(\boldsymbol{x})\} \tag{5-12}$$

式中，$t_f^l(\boldsymbol{x})$ 表示最终的介质透射率；$l=5$ 表示金字塔层次的数目；$K=2$ 表示输入的数量；$G\{\overline{S}(\boldsymbol{x})\}$ 表示高斯金字塔运算，将归一化的显著性权重映

射的 $\overline{S}(\boldsymbol{x})$ 进行分解；$L\{t(\boldsymbol{x})\}$ 表示拉普拉斯金字塔运算，它分解输入的介质透射率 $t(\boldsymbol{x})$（即 IATP 估计的介质透射率 $t_{IATP}(\boldsymbol{x})$ 和由 UDCP 估计的介质透射率 $t_{UDCP}(\boldsymbol{x})$）。在融合方案中，采用了频率调谐的显著区域检测算法，因为它的计算效率很高。首先，计算输入介质透射率的显著性权重图，为了产生一致的结果，对获得的显著性权重映射进行归一化，计算为：

$$\overline{S}^k(x) = \frac{S^k(\boldsymbol{x})}{\sum\limits_{k=1}^{K} S^k(\boldsymbol{x})} \tag{5-13}$$

式中，$\overline{S}(\boldsymbol{x})$ 表示归一化显著权重映射，$S(\boldsymbol{x})$ 表示计算得到的权重映射，$K=2$ 表示输入的数量。近年来，出现了许多新的显著区域检测算法，这些算法部分也可以应用于本书方法中。

图 5-3 展示了显著性引导的多尺度融合方案的一些结果。图 5-3 中第一列是原始水下图像；第二列和第四列分别是 IATP 和 UDCP 的估计介质透射率；第三列和第五列分别是其归一化后的显著性权重图；第六列是所提出的融合方法的介质透射率，其中红色的框表示不准确的估计。第四列与如图 5-3（b）和图 5-3（d）所示的不准确估算值相比，融合先验的介质透射率相对更准确。例如，图 5-3（b）和图 5-3（d）中的红色框区域在最终介质透射率中通过显著性多尺度融合方案进行了校正。因为 IATP 和 UDCP 是逐块计算的，所以采用引导滤波器来优化最终的介质透射率，以减少块效应。

5.2.4　RGB 颜色通道介质透射率估计

在大多数水下图像逆问题求解方法中，假定水下图像的三个颜色通道具有相同的介质透射率。然而，由于衰减系数 β 不同，水下图像的不同通道应该具有不同的介质透射率。根据 Chiang 等文献，将式（5-2）重写为：

$$t^c(\boldsymbol{x}) = (Nrer^c)^{d(x)}, \quad c \in \{R, G, B\} \tag{5-14}$$

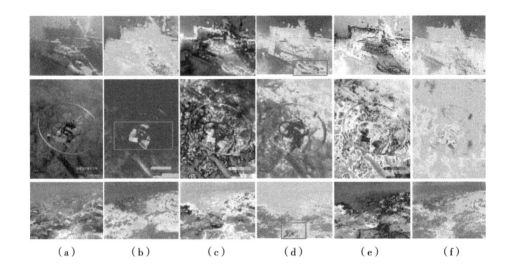

（a）　　　　（b）　　　　（c）　　　　（d）　　　　（e）　　　　（f）

图 5 - 3　显著性引导的多尺度先验融合结果

式中，$Nrer^c$ 表示归一化残余能量比。在一般的水下情况，$Nrer^c$ 可以进一步表示为：

$$Nrer^c = \begin{cases} 0.8 \sim 0.85 & c = R \\ 0.93 \sim 0.95 & c = G \\ 0.95 \sim 0.99 & c = B \end{cases} \tag{5 - 15}$$

如果提供场景的深度 $d(\boldsymbol{x})$，则可以使用式（5 - 15）和式（5 - 16）估计 RGB 颜色通道的介质透射率。前面已经获得了联合先验所估计的总体介质透射率。因此，场景的深度 $d(\boldsymbol{x})$ 可计算为：

$$d(\boldsymbol{x}) = \frac{\log[t_r(\boldsymbol{x})]}{\log(Nrer)} \tag{5 - 16}$$

式中，$t_r(\boldsymbol{x})$ 表示总体介质透射率，$Nrer$ 表示归一化的残余能量比。因此，三个颜色通道 $t^c(\boldsymbol{x})$ 的介质透射率可以估算为：

$$t^c(\boldsymbol{x}) = (Nrer^c)^{\frac{\log[t_r(x)]}{\log(Nrer)}}, \ c \in \{R, \ G, \ B\} \tag{5 - 17}$$

5.2.5　水下图像逆问题求解方法

根据新的水下图像形成模型，可以通过式（5-18）获得反射率，具体的复原算法 MSPF_ SG 见表 5-1。

$$M^c(\boldsymbol{x}) = \frac{I^c(\boldsymbol{x}) - L^c + L^c t^c(\boldsymbol{x})}{\max(\tau^c, \ L^c t^c(\boldsymbol{x}))}, \ c \in \{R, \ G, \ B\} \tag{5-18}$$

式中，$I^c(\boldsymbol{x})$ 表示输入的水下图像，L^c 表示光源的颜色，$t^c(\boldsymbol{x})$ 表示介质透射率，τ^c 是避免引入噪声的参数。

表 5-1　MSPF_ SG 图像逆问题求解算法

算法 5.1　MSPF_ SG 图像逆问题求解算法
输入：观测图像 I
输出：复原图像 J
1：调用 LSRS 计算光源颜色；
2：根据式（5-12）计算总体介质透射率；
3：根据式（5-14）计算 RGB 颜色通道介质透射率；
4：根据式（5-18）计算反射率；
5：根据式（5-5）计算复原图像 J；
6：return J

图 5-4 给出使用本书方法（表示为：MSPF_ SG）得到的一些还原结果，第一行为原始水下图像，第二行为提出的联合先验估计的总体介质透射率，第三行为图像复原的结果。图 5-4 中仅显示了从联合先验获得的总体介质透射率，因为很难区分彩色图像形式的三个颜色通道的介质透射率。如图5-4 所示，经过改进的介质透射率表明我们的方法可以相对准确地估计场景的介质透射率，MSPF_ SG 方法的复原结果在图像颜色还原及对比度方面表现优异，笔者在 5.4 节将给出更多的实验结果。

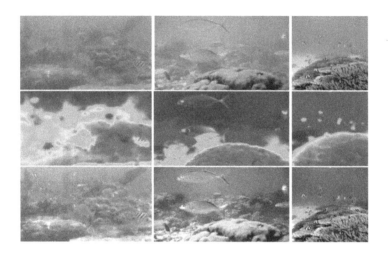

图 5 - 4　MSPF_ SG 水下图像逆问题求解的结果

5.3　对抗编码解码网络的水下图像逆问题求解模型

来自水下场景的反射光在到达相机之前通过悬浮颗粒会被吸收和散射，从而导致低对比度和类似雾的效果，不同波长的光在遇到溶解有机化合物和不同盐度的水时能量会衰减，从而导致不同程度的偏色。此外，水下图像不同深度的照明变化、水中的微粒数量及散射等因素，会导致不规则的非线性失真，从而导致出现对比度低、模糊、整体质量差的图像。深度学习强大的表示能力，使得越来越多的研究者从传统技术研究（例如：基于模型物理模型的方法和基于直方图均衡的方法）转向数据驱动技术研究（例如：基于卷积神经网络和生成对抗网络）。

本节采用判别式学习思路，基于编码解码卷积神经网络，结合用于对抗学习的分类器，提出一种对抗编码解码网络的水下图像逆问题求解模型，实现端到端的水下图像逆问题求解。编码器学习与水类型无关的图像本质特征，解码器根据这一本质特征复原水下图像，得到清晰版本的水下图像。主要工作如下：

（1）设计对抗学习的海水类型判别器。判别器通过对由编码器学习的特征进行分类，更强的判别器能够区分出不同水的类型；而更强的编码器能学习出与水类型无关的特征，两者进行对抗式竞争学习。

（2）对编码网络加入跳跃连接至解码网络。编码器的相应层输出连接到解码器对应层次，这种在编码解码网络中加入跳跃连接的方法，对于图像到图像的转换及图像质量增强问题非常有效。

（3）针对损失函数采用 ℓ_1 范数、多尺度结构相似性度量及对抗损失相结合的方法，在重建图像时保留更多细节。ℓ_1 损失项较好保留颜色和亮度；多尺度结构相似性度量对各种类型的图像退化更为敏感，对图像内容损失进行正则约束；而对抗损失能够使编码器能更好地学习到清晰图像本质特征。

5.3.1　对抗编码解码网络模型

基于 CNN 的残差和循环模型已经在图像着色、颜色/对比度调整、图像去模糊、去雾、除雨等应用中表现出了非常好的性能，这些模型从大量成对的训练数据中学习了一系列非线性滤波器，与使用手工滤波器相比，它们提供了明显更好的性能。此外，基于 GAN 的模型在样式转换和图像到图像的转换问题方面也取得巨大的成功，其训练过程是生成器与判别器的零和博弈，也称为最小/最大问题。生成器试图通过生成看起来是从真实分布中采样的伪造图像来欺骗判别器，判别器试图在识别伪造图像方面变得更好，并且最终达到生成器学习到数据潜在分布的平衡。这种对抗训练不稳定，因此不少文献提出一些改进和损失函数的选择，例如，WassersteinGAN 通过使用推土机距离来度量数据分布与模型分布之间的距离，从而提高了训练的稳定性。

当使用深度学习模型对水下图像进行复原和增强时，需要由清晰图像和退化图像对来训练模型。由于通常很难获得清晰的水下图像，因此通过合成方法来生成训练图像对是主要方法。Li 等使用了两种类型的网络：水生成对抗网络（Water Generative Adversarial Network，WaterGAN）用于生成逼真的水下图像，而水下图像逆问题求解网络用于校正颜色。WaterGAN 的生成器使用衰减、散射和相机模型三个阶段对水下图像的形成进行建模，之后学习生成器用于为颜色复原网络生成训练图像样本。从输入图像估计并重建相对深度图，并将其用于水下复原，但是由于特定的图像生成方式，它们的网络仅限于某些退化类型的水下图像。Li 等和 Fabbri 等使用 CycleGAN 来生成水下图像合成数据，并将其用于训练水下图像逆问题求解模型。

前面提到的深度学习方法在恢复颜色方面表现出良好的性能。但在某些情况下，它们对水下图像不能进行合适的色彩校正，如 Li 等的训练数据集缺少诸如珊瑚礁和鱼类之类的水下结构的真实色彩；Fabbri 等的水下图像逆问题求解模型的缺点是对高分辨率图像的实时处理效率较差，因为该模型的体系结构使其计算成本过高。

本书采用与 Anwar 等相同的方法，利用纽约大学深度数据集 V2，该数据集提供了真实的清晰图像以及图像深度，通过使用水下图像生成模型合成包含十种海水类型的水下图像数据集，5.3.4 节将详细介绍合成图像的生成细节。

本书提出一种判别式学习的水下图像逆问题求解模型（表示为 URM_AEDN），该模型基于结合对抗学习的编码解码网络，这一模型采用监督学习方式。实验将上述合成水下图像数据对作为训练数据集，学习水下图像 Y 与

其对应的清晰图像 X 之间的映射（$G: Y \rightarrow X$），实现端到端的学习及水下图像逆问题求解。URM_ AEDN 网络包含三个部分：编码器 Encoder、解码器 Decoder 和判别器 Discriminator。编码器学习各种海水类型的水下图像，并生成去除海水类型因素的清晰图像的特征（隐编码），该隐编码传递给解码器以还原最终的清晰图像，而判别器用于判定隐编码属于哪种类型的海水。更强的编码器能够生成与海水类型无关的隐编码，而强大的判别器仍能通过隐编码判别出水的类型，编码器与判别器间存在对抗学习的关系。编码器通过迭代与判别器博弈以实现对抗性进化，最终目标是达到均衡。与普通 GAN 不同，本书提出的判别器输出的是十种海水类型的分类结果。

URM_ AEDN 网络结构如图 5-5 所示，图 5-5 中间部分为编码器，最左侧网络为判别器，最右侧部分为解码器。在训练阶段，首先将退化的水下图像（$256 \times 256 \times 3$）输入编码器中，通过四个阶段的池化、卷积（3×3）、BN 及 ReLU 操作，将图像逐渐下采样为隐编码（$512 \times 16 \times 16$），特征映射的数量在每个下采样阶段加倍。理想情况下，隐编码学习到去除海水类型的清晰水下图像特征，随后将隐编码输入至解码器，按顺序执行上采样、跳跃连接、卷积（3×3）、BN、ReLU 操作，经过多轮的上采样，最终达到原始图像大小（$256 \times 256 \times 3$）。在每个上采样阶段，将图像与编码器侧的对称层的输出进行连接，这一跳跃连接已经被证明对于图像到图像的转换和图像质量的增强非常有效。

判别器网络接收隐编码作为输入，用来判定隐编码的海水类型。URM_ AEDN 网络通过卷积、池化、全连接等阶段，最终输出图像海水类型的分类结果。

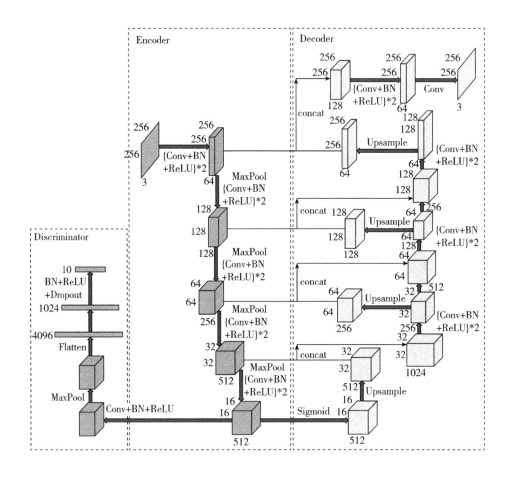

图 5 – 5   URM_ AEDN 网络结构

5.3.2 网络训练损失函数

URM_ AEDN 模型包括三个损失项：重建损失 $\mathcal{L}_{content}$、对抗性损失 $\mathcal{L}_{adv}$ 和判别损失 $\mathcal{L}_{dis}$。通过这三个损失函数，使得编码器生成与海水类型无关的隐编码，而解码器网络则生成清晰的水下图像，其中判别损失 $\mathcal{L}_{dis}$ 作为判别器的训练损失函数，编码器和解码器利用 $\mathcal{L}_{content}$ 与 $\mathcal{L}_{adv}$ 的组合 $\mathcal{L}_{ED}$ 作为损失函数进行训练，$\mathcal{L}_{ED}$ 定义如下：

$$\mathcal{L}_{ED} = \lambda_{ct}\mathcal{L}_{content} + \lambda_{adv}\mathcal{L}_{adv} \qquad\qquad (5-19)$$

式（5-19）中 λ_{ct}、λ_{adv} 为参数。

（1）重建损失 $\mathcal{L}_{content}$。设 Y 是输入水下退化图像，Y 经过编码器编码后，将隐编码传送给解码器，生成复原图像 $\widehat{X}$，即：$\widehat{X} = Decoder\,(Encoder\,(Y))$。为了表示重建损失，将多尺度结构相似性度量（Multi-scale Structural Similarity Index Measure，MS_SSIM）和 ℓ_1 损失函数相结合，计算 $\widehat{X}$ 与 Y 重建损失 $\mathcal{L}_{content}$。

$$\mathcal{L}_{content}(\widehat{X},\ Y) = \alpha\mathcal{L}_{MS\_SSIM} + (1-\alpha)\mathcal{L}_{\ell_1} \qquad\qquad (5-20)$$

式（5-20）中，$\alpha \in (0,\ 1)$，$\mathcal{L}_{MS-SSIM}$ 表示多尺度结构相似性度量损失函数，$\mathcal{L}_{\ell_1}$ 表示 $\widehat{X}$ 与 Y 之间的 ℓ_1 范数误差。

$$\mathcal{L}_{\ell_1}(\widehat{X},\ Y) = \frac{1}{N}\sum_{p=1}^{N}|\widehat{X}_p - Y_p| \qquad\qquad (5-21)$$

式中，$\widehat{X}_p$ 和 Y_p 表示图像第 p 位置的像素值，N 为图像像素总数。

根据第一章中式（1-3）SSIM 的定义，对输入图像 Y 和 $\widehat{X}$ 的第 p 像素周围的 11×11 图像块 Y_p 和 $\widehat{X}_p$ 计算块 SSIM$(Y_p,\ \widehat{X}_p)$。

$$\mathrm{SSIM}(Y_p,\ \widehat{X}_p) = \left(\frac{2\mu_{\widehat{X}_p}\mu_{Y_p}+C_1}{\mu_{\widehat{X}_p}^2+\mu_{Y_p}^2+C_1}\right) \cdot \left(\frac{2\sigma_{\widehat{X}_p Y_p}+C_2}{\sigma_{\widehat{X}_p}^2+\sigma_{Y_p}^2+C_2}\right) = l(p)\cdot s(p)$$

$$(5-22)$$

给定 M 个层次的金字塔，多尺度结构相似性度量 MS_SSIM 定义为：

$$\mathrm{MS\_SSIM}\,(Y,\widehat{X}) = \overline{l}_M^{\zeta}\cdot\prod_{j=1}^{M}\overline{s}_j^{\beta_j} \qquad\qquad (5-23)$$

在某个特定金字塔层次下，$\overline{l}$ 和 $\overline{s}$ 表示块的平均 SSIM 值：$\overline{l} = (\sum_p l(p))/N_p$ 和 $\overline{s} = (\sum_p s(p))/N_p$（$N_p$ 表示块的数目），$\overline{s}_j$ 表示第 j 层次的 $\overline{s}$，$\overline{l}_M$ 表示 M 层的 $\overline{l}$，$j = \{1,\ \cdots,\ M\}$。为了计算方便，设置 $\zeta = \beta^j = 1$。

多尺度结构相似性度量损失函数 $\mathcal{L}_{MS-SSIM}$ 定义为：

$$\mathcal{L}_{MS-SSIM}(\boldsymbol{Y}, \widehat{\boldsymbol{X}}) = 1 - \mathrm{MS\_SSIM}(\boldsymbol{Y}, \widehat{\boldsymbol{X}}) \qquad (5-24)$$

（2）对抗性损失 $\mathcal{L}_{adv}$。为了提升编码器的能力，以生成足够好的与海水类型无关的隐编码，希望所生成的隐编码使得判别器难以正确判断出隐编码来自何种海水类型，增加判别器工作的不确定性，即试图减少判别器判定的确定性或负熵。因此，对于输入图像 $\boldsymbol{Y}$ 的隐编码 $\boldsymbol{Z}$，对其计算对抗性损失 $\mathcal{L}_{adv}$，将其定义为判别器估计分布的负熵，$\mathcal{L}_{adv}$ 反向传播以更新编码器。

$$\mathcal{L}_{adv} = \sum_{t=1}^{T} Discriminator(\boldsymbol{Z})_t \log Discriminator(\boldsymbol{Z})_t \qquad (5-25)$$

式（5-25）中，T 表示水类型数量。

（3）判别损失 $\mathcal{L}_{dis}$。判别损失 $\mathcal{L}_{dis}$ 定义为海水类型的目标分布与海水类型的估计分布的交叉熵，判别损失 $\mathcal{L}_{dis}$ 反向传播只更新判别器。对于海水类型 w，输入图像 $\boldsymbol{Y}$ 的隐编码 $\boldsymbol{Z}$，判别损失 $\mathcal{L}_{dis}$ 定义如下：

$$\mathcal{L}_{dis}(w, \boldsymbol{Z}) = - \sum_{t=1}^{T} \rho_t \log Discriminator(\boldsymbol{Z})_t \qquad (5-26)$$

如果 $w = t$，则 $\rho_t = 1$，否则 $\rho_t = 0$；T 为水类型数量。

5.3.3 网络训练过程

对抗编码解码网络模型 URM_AEDN 整个架构包括三个部分：编码器、解码器和分类器，因此训练策略就显得尤为重要。利用 $\mathcal{L}_{Content}$ 的反向传播对编码器和解码器进行更新，在验证集上计算复原图像的平均多尺度结构相似性度量值 $avgMS\_SSIM$，判别其是否达到预设的阈值 TH_D，如果未达到，持续利用 $\mathcal{L}_{Content}$ 训练这两个网络。上述步骤是确保编码器能够提供给判别器的隐编码是有意义的特征。如果达到阈值则开始对三个网络进行联合训练。在主训练过程中，如果 $avgMS\_SSIM$ 低于阈值 TH_D，则利用 $\mathcal{L}_{Content}$ 和 $\mathcal{L}_{adv}$ 反向传播对编码器进行更新，同时利用 $\mathcal{L}_{Content}$ 对解码器进行训练；$avgMS\_SSIM$ 如果达到阈值，而判别器的准确率 *corrRate* 低于阈值 TH_C，则通过 $\mathcal{L}_{dis}$ 训练分类器网络。*avgMS_ SSIM* 和 *corrRate* 均达到阈值，则只需训练编码器和解码器，直到训练轮次（epoch）达到预定的数目为止。

表 5 - 2 给出网络训练具体过程。

表 5 - 2　URM_ AEDN 网络训练过程

算法 5.2　URM_ AEDN 训练过程

输入：训练数据集 TrainSets，验证数据集 ValSets；

输出：编码器 Encoder、解码器 Decoder、判别器模型 Discriminator；

1. 初始化 Encoder、解码器 Decoder、判别器模型 Discriminator；

2. *avgMS_ SSIM* = CalcAvgMS_ SSIM（Encoder, Decoder, ValSets）；

3. *corrRate* = CalcCorrectRate（Discriminator, ValSets）；

4. **if** *avgMS_ SSIM* < TH_D

5. 使用 $\mathcal{L}_{Content}$ 更新 Encoder；

6. 使用 $\mathcal{L}_{Content}$ 更新 Decoder；

7. **end if**

8. **for** i = 1 to epochs **do**

9. **if** *avgMS_ SSIM* < TH_D

10. $\mathcal{L}_{Content}$ 和 $\mathcal{L}_{adv}$ 反向传播更新 Encoder；

11. $\mathcal{L}_{Content}$ 反向传播更新 Decoder；

12. **else if** *corrRate* < TH_C

13. $\mathcal{L}_{dis}$ 反向传播更新 Discriminator；

14. **else**

15. $\mathcal{L}_{Content}$ 和 $\mathcal{L}_{adv}$ 反向传播更新 Encoder；

16. $\mathcal{L}_{Content}$ 反向传播更新 Decoder；

17. **end if**

18. *avgMS_ SSIM* = CalcAvgMS_ SSIM（Encoder, Decoder, ValSets）；

19. *corrRate* = CalcCorrectRate（Discriminator, ValSets）；

20. **end for**

5.3.4 训练数据集生成方法

为了生成训练训练集，本书使用 Anwar 等文献中所介绍的衰减系数，来描述公海和沿海不同的水类型：公海分为 I、IA、IB、Ⅱ、Ⅲ，沿海水域分为1、3、5、7、9。其中，公海海水中 I 型最为清晰，Ⅲ型是最浑浊的；沿海水域海水中类型 1 最为清晰，而类型 9 最为浑浊。将式（5－2）重新表示为光能量的表达形式。

$$t^c(\boldsymbol{x}) = \frac{E^c[\boldsymbol{x}, d(\boldsymbol{x})]}{E^c(\boldsymbol{x}, 0)} = N^c d(\boldsymbol{x}), \ c \in \{R, G, B\} \tag{5－27}$$

式中，$E^c(\boldsymbol{x}, 0)$ 和 $E^c[\boldsymbol{x}, d(\boldsymbol{x})]$ 分别表示从 $\boldsymbol{x}$ 处发出的光束在穿过距离为 $d(\boldsymbol{x})$ 的介质之前和之后的能量。归一化的剩余能量比 N^c 对应于每个单位传播距离的剩余能量与初始能量之比，N^c 值根据水中光的波长而变化。例如，红光具有更长的波长，因此与水中的其他波长光相比，它的衰减更快并且被吸收得更多。

为了合成水下图像，生成随机的均匀全局大气光 $0.8 < A^c < 1$，将距离 $d(\boldsymbol{x})$ 随机设置为 $0.5 < d(\boldsymbol{x}) < 15$，然后在表 5－3 选择不同海水类型中红色、绿色和蓝色通道相应的 N^c 值。对于 NYU－V2 室内数据集中每个图像，根据随机 A^c 和距离 $d(\boldsymbol{x})$ 结合图像原有景深，通过式（5－2）和式（5－27）构建十种不同海水类型的水下图像数据集，最终生成 50000 张合成水下图像，其

表 5－3 十种不同海水类型 RGB 通道下的 N^c 值

类型 通道	I	IA	IB	Ⅱ	Ⅲ	1	3	5	7	9
Red	0.805	0.804	0.83	0.8	0.75	0.75	0.71	0.67	0.62	0.55
Green	0.961	0.955	0.95	0.925	0.885	0.885	0.82	0.73	0.61	0.46
Blue	0.982	0.975	0.968	0.94	0.89	0.875	0.8	0.67	0.5	0.29

中 35000 余张用于训练，其余作为验证集和测试集，图 5 – 6 给出不同海水类型合成图像示例。

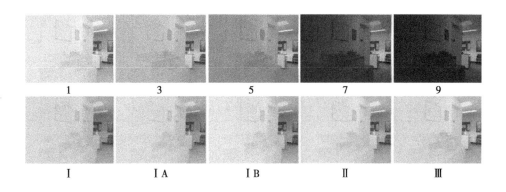

图 5 – 6 不同海水类型合成图像示例

5.4 实验及结果分析

为了评估本章提出的基于模型的 MSPF_ SG 方法和基于判别式学习的 URM_ AEDN 方法，笔者在水下图像测试集上进行定性和定量的比较，并将其与主流的水下图像逆问题求解方法进行了比较。实验的硬件环境为：CPU 为 Intel （R） Core （TM） i7 – 8700K @ 3.70GHz，RAM 为 32G，GPU 为 NVIDIA GTX 1080Ti，在 Python 环境下进行测试。

5.4.1 数据集及相关参数设定

（1）数据集。基于模型的 MSPF_ SG 方法无须训练数据集，而 URM_ AEDN 方法需要提前训练，所需训练数据集来自 5.3.4 节所述的合成水下图像数据集，共有 35000 余张训练图像，训练图像分辨率经裁剪后统一设置为 256×256。

测试数据集采用 Li 等发布的 U45 数据集，这组真实水下图像经过精心挑选，分为绿色、蓝色和雾三种类别，每个子集下各有 15 张有代表性的水下图像，数据集覆盖了偏色、低对比度、雾等常见的水下图像特征。

（2）参数设置。对于 MSPF_SG 方法，图像块的大小设置为 9×9，引导滤波器的块大小为 7×7，并且对于红色、绿色和蓝色通道，式（5-18）约束参数 τ^c 分别被设置为 0.3、0.2 和 0.2，式（5-17）中 $Nrer$、$Nrer^R$、$Nrer^G$ 和 $Nrer^B$ 分别被设置为 0.8、0.85、0.97 和 0.99。

对于 URM_AEDN 方法，训练和测试图像的尺寸统一为 $256 \times 256 \times 3$，式（5-19）中 $\lambda_{ct} = 100$，$\lambda_{adv} = 1$；式（5-20）中 $\alpha = 0.8$；表 5-2 中 TH_D 和 TH_C 分别设置为 0.9 和 0.85。Adam 优化器学习率设置为 0.001，批量大小设置为 4。整个网络在 TensorFlow 进行了 90 个轮次（epoch）的训练，训练 40 余小时。

（3）对比方法。对比方法包括 RED、UIBLA、UDCP、WSCT、FE、RB 等。为了公平比较，所有对比均在 256×256 图像上进行，并且基于深度学习的方法在相同的训练数据上进行训练。

（4）客观度量方法。在客观定量分析中，本书采用"水下图像质量度量"（Underwater Image Quality Measure，UIQM）这一指标。UIQM 受人类视觉系统的启发，利用了水下图像的退化模型和成像特性。UIQM 度量包括三个子项，分别为：水下图像色彩度量（Underwater Image Colorfulness Measure，UICM）、水下图像清晰度度量（Underwater Image Sharpness Measure，UISM）和水下图像对比度度量（Underwater Image Contrast Measure，UIConM）。本书将 UIQM 及其三个子项分别用于评估水下图像质量。所有评估指标与图像质量成正比，即：分值越高表示图像复原质量更为优秀。

5.4.2 主观和客观度量结果及分析

（1）主观视觉质量对比。图 5-7 给出水下图像逆问题求解结果对比图。融合增强 FE 方法可以很好地对绿色和雾度水下场景中图像进行处理，但 FE 方法可能使用了不正确的色彩校正算法导致在蓝色场景中出现明显的红色偏色情况（见图中第 6 列），RED 方法也出现了类似的红色偏色情况；UDCP 方法在蓝色、绿色场景下算法失效，甚至对蓝绿色还有所加重，但其有效地降低了雾效应。RB 方法在大多数水下场景中都无法很好地处理图像亮度，由于其将相同的色彩校正应用于 RGB 三个通道，这通常不适用于水下场景。UIB-LA 方法的复原结果视觉感受不太自然，尤其是在部分绿色场景中（见图中第 3 列），这可能是因为背景光的先验和介质透射率的估计不是太理想。WSCT 方法在某些水下情况下会产生不理想的结果，可能由于其保持了循环一致性损失，这种损失函数更适合于图像到图像的转换，该方法并没有使用能使结果具有保真感的 ℓ_1 损失。本书提出的 MSPF_ SG 方法在深蓝场景还原稍弱，但是对比度和亮度还原比较理想，整体画面色彩鲜艳度方面表现比较出色；本书另一方法 URM_ AEDNN 能够纠正色彩失真并更好地保留图像细节，例如，绿色场景的珊瑚呈现鲜红色，蓝色场景的鱼呈现视觉上吸引人的自然色彩。此外，在所有对比方法中，URM_ AEDNN 方法对场景的鲁棒性最为优秀，无论是蓝色场景、绿色场景，还是雾场景，这一点也可以通过图 5-7 中复原图像下方的 UIQM 客观度量分数得到佐证。

（2）客观度量对比。表 5-4 给出水下图像逆问题求解结果的客观量化度量结果，总体指标值越高，表示图像质量越好。表 5-4 中分别对绿色场景（表中标识为 Green）、蓝色场景（表中标识为 Blue）、雾场景（表中标识为

Haze）以及所有测试集合（表中标识为 ALL），给出各方法的平均度量分数。每个指标最好的结果字体加粗标记。在图 5 – 7 中示例图像下方也给出 UIQM 分值。

表 5 – 4　MSPF_ SG 与 URM_ AEDNN 水下图像逆问题求解客观指标对比

度量	场景	FE	UDCP	RED	WSCT	RB	UIBLA	MSPF_ SG	URM_ AEDN
UIQM	ALL	4. 110	3. 876	3. 771	3. 286	4. 939	2. 938	3. 378	**4. 979**
	Green	4. 113	2. 403	3. 686	3. 099	4. 927	2. 375	3. 222	**5. 080**
	Blue	3. 284	3. 257	2. 715	1. 900	**4. 588**	1. 522	1. 528	4. 314
	Haze	4. 932	**5. 967**	4. 912	4. 858	5. 303	4. 916	5. 383	5. 542
UICM	ALL	– 32. 973	– 2. 267	– 44. 090	– 39. 717	– 59. 746	– 59. 310	– 44. 913	**2. 230**
	Green	– 31. 472	– 81. 687	– 44. 304	– 63. 833	– 1. 659	– 73. 991	– 40. 51	**11. 983**
	Blue	– 50. 444	– 57. 21	– 75. 275	– 99. 791	**– 3. 558**	– 107. 14	– 89. 826	– 14. 938
	Haze	– 17. 005	**19. 745**	– 12. 689	– 14. 306	– 1. 585	1. 893	– 4. 403	9. 644
UISM	ALL	7. 296	7. 202	7. 276	7. 052	7. 0359	7. 176	**7. 408**	7. 084
	Green	7. 183	7. 134	7. 186	7. 065	7. 124	6. 758	**7. 295**	6. 984
	Blue	7. 367	6. 583	7. 309	7. 198	7. 278	7. 072	**7. 492**	7. 118
	Haze	7. 338	**7. 439**	7. 332	7. 265	7. 206	7. 278	7. 437	7. 15
UIConM	ALL	0. 807	0. 805	0. 802	**0. 815**	0. 712	0. 794	0. 687	0. 790
	Green	0. 805	0. 727	0. 787	0. 787	**0. 808**	0. 69	0. 618	0. 749
	Blue	0. 708	**0. 819**	0. 75	0. 724	0. 715	0. 687	0. 517	0. 737
	Haze	0. 908	0. 899	0. 868	0. 872	0. 89	0. 759	**0. 926**	0. 883

本书 URM_ AEDNN 方法在 UIQM 指标上取得所有场景平均最高分的成绩，其中绿色场景分值最高，而蓝色场景和雾度场景均是第二名好成绩，本书 MSPF_ SG 方法尽管在 UIQM 综合成绩上不理想，但在水下图像清晰度度量（UISM）指标方面，在所有测试集合以及绿色和蓝色场景中均取得最高成绩。

在雾场景方面，UDCP 方法取得了很好的成绩，在水下图像色彩度量上

UICM 和 UISM 均取得最高的成绩；而在水下图像对比度度量（UIConM）指标上，本书提出的 MSPF_ SG 方法取得了最高的成绩，这得益于 MSPF_ SG 方法整合了 UDCP 和 IATP 先验，在画面对比度和亮度上表现优异。

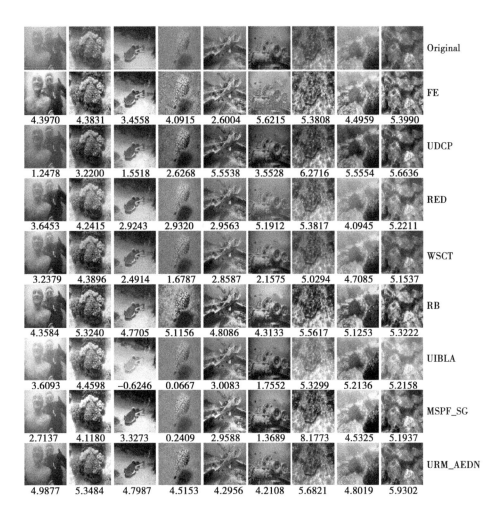

图 5 - 7　MSPF_ SG 与 URM_ AEDN 水下图像逆问题求解主观视觉质量对比

通过图 5 - 7 第 6 列图像的 UIQM 量化值能够发现该指标的缺陷。从主观观感来看，FE 方法复原效果最为糟糕，偏色情况明显，但其 UIQM 的指标得分却是几种方法最高的，这源自 UICM 单项得分过高。

本书方法也在 Jahidul 等最新文献所提出的真实水下图像数据集 EUVP 中进行了测试，从图 5-8 可见，本书两种方法在该数据集下的复原质量都比较理想。

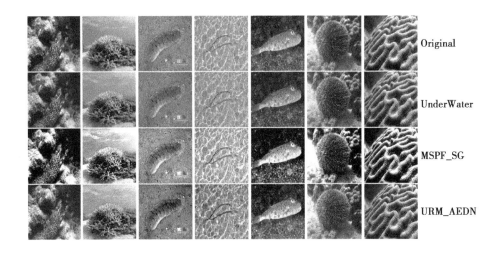

图 5-8　MSPF_ SG 与 URM_ AEDN 水下图像逆问题求解主观视觉对比

从运行时间来看，MSPF_ SG 方法每张图像的平均复原时间为 1.425 秒（0.70fps），而 URM_ AEDNN 方法每张图像的平均时间 0.0152 秒（65.83fps），判别式学习端到端的处理，结合 GPU 的高效计算，使得 URM_ AEDNN 方法的运行效率更高。

5.5　本章小结

本章提出两个水下图像逆问题求解方法。在基于模型的方法上，提出了显著性引导的多尺度先验融合的水下图像方法 MSPF_ SG，该方法使用了一种新的水下图像形成模型，通过结合两种水下图像先验并考虑水下成像的光学特性，分别估计水下图像三个颜色通道的介质透射率，使得估计的介质透射率比传统方法更准确，在有效地去除水下图像偏色的同时，也改善水下图像复原画质的对比度和亮度。这一方法的缺点在于对某些蓝色场景复原有一定偏差。

在深度判别式学习方法上，本书提出一种基于对抗编码解码网络的水下图像逆问题求解模型 URM_ AEDN，将多尺度结构相似性先验损失项与 ℓ_1 损失项以及对抗损失项相结合，通过对抗训练方式，在人工合成的多种海水类型的图像数据集中训练模型。通过在多种水下场景下对本章两种方法进行评估，从主观视觉评估和客观度量两个方面与其他优秀方法进行了对比。总体来说，MSPF_ SG 方法在还原画质（尤其是对比度及亮度）方面比较理想，而 URM_ AEDN 鲁棒性更好，在 U45 所有场景下都有着优秀的复原结果。

尽管 MSPF_ SG 在训练阶段时间较长，但在复原阶段其效率明显高于基于模型的方法，这使得 MSPF_ SG 方法在实时水下图像逆问题求解的应用领域（例如：运行于水下航行器中）的前景更为广阔。

第6章 总结与展望

图像逆问题求解旨在通过消除诸如噪声和模糊等退化因素的不利影响以增强图像的质量。作为图像和信号处理的一个关键领域，过去几十年中图像逆问题求解一直是重要的研究主题。图像先验是求解不适定的图像逆问题的关键，早期的图像先验设计，主要考虑图像的物理特征或是局部特性来进行手工设计。近年来，随着机器学习和数据驱动方法的成功应用，研究人员将研究重点转移至从自然图像中学习先验以进行图像逆问题求解的工作。本书研究了深度神经网络的图像逆问题求解，从基于深度神经网络图像逆问题求解相关理论、特征增强超分辨卷积神经网络、深度生成式图像先验学习模型、基于对抗编码解码网络的水下图像逆问题求解几个方面进行全面深入的研究。本章介绍全书主要的研究成果及创新点，并对未来的工作进行展望。

6.1 主要成果

（1）特征增强超分辨卷积神经网络研究。针对超分辨卷积神经网络 SRC-NN 不具有增强的特征层，仅映射低级特征，在处理模糊图像超分辨方面的性能并不理想的问题，本书提出一种新的特征增强超分辨卷积神经网络模型

FELSRCNN，该架构通过使用连接操作增强了特征提取与表示。从实验来看，相比 SRCNN，FELSRCNN 无论在 PSNR 客观指标还是主观视觉质量方面都有所提升。

通过在 FELSRCNN 的拼接层之后增加三个特征增强层，可以创建层次更深、更高效的多层特征增强超分辨卷积神经网络 MFELSRCNN，通过增加增强特征卷积层进一步增强了特征提取的能力，低层特征和增强特征的串联操作比单纯映射增强特征效果更好。相比其他优秀的深度学习方法，本书所提出的模型在模糊图像超分辨率求解方面具有更为优秀的性能。更为重要的是，MFELSRCNN 的参数相比对比模型，模型参数数量大大减少。

（2）基于深度生成式先验模型的图像逆问题求解模型。针对深度生成式先验模型的相关理论研究还不完备，本书研究了生成式网络的可逆求解理论，重点对反卷积生成式网络的可逆求解进行分析，证明对于 ReLU 函数、高斯权值的浅层反卷积生成式网络，采用梯度下降可以有效地从网络输出反向推导出输入隐编码。通过实验例证了使用具有其他非线性激活函数和多层结构的生成式模型也可以得出相同的结论；分析了 CSGM 算法及投影梯度算法，并证明目标函数在满足受限强凸/受限强平滑条件下，投影梯度算法是收敛的。

针对目前生成器表达能力有限，有待探索生成式网络范围外的图像逆问题求解问题，本书提出新的超越生成式网络范围的图像逆问题求解算法，同时考虑生成器范围内图像还原损失项和范围外图像的还原损失项，生成器范围内图像与范围外图像通过最小化额外的范围误差惩罚项进行关联，通过调整最终目标项中每个损失项附加的权重来控制误差松弛量，以实现扩展生成式网络表示能力，引入总变分正则项以有效压制噪声，进一步提升图像观感。本书将所提出的算法应用于压缩感知、图像修复等非盲图像逆问题求解以及盲图像去模糊任务中。相比于对比方法，无论是复原图像的生动程度，还是图像保真还原度本书提出的方法都表现得更为出色。

本书对反卷积生成式网络可逆求解进行理论分析，证明采用梯度下降对反卷积生成式网络求逆的有效性；提出扩展生成式网络范围的图像逆问题求解算法，实现扩展生成式网络范围的表示能力，提升复原图像的保真度。

（3）基于对抗编码解码网络的水下图像逆问题求解。针对传统基于模型的水下图像方法中，单一先验模型在图像某些区域中对介质透射率常常产生不准确的估计的问题，本书提出显著性引导的多尺度先验融合的水下图像逆问题求解方法。本书通过有效的颜色恒定性方法估计全局背景光；通过显著性引导的多尺度融合技术，联合强度衰减差异先验和水下暗通道先验估计场景的总体介质透射率；基于水下成像的光学特性，计算 RGB 三个颜色通道的介质透射率；用估计的整体背景光和介质透射率，根据水下图像生成模型获得复原的水下图像。这一方法使得介质透射率的估计比传统方法更为准确，在有效地去除水下图像偏色的同时，也能够改善水下图像复原画质的对比度和亮度。

针对现有基于模型水下图像逆问题求解方法存在的鲁棒性不足的问题，本书综合考虑水下成像中海水类型的多样性，提出一种对抗编码解码网络的水下图像逆问题求解模型，实现端到端的水下图像逆问题求解。该方法利用编码器学习与海水类型无关的图像特征，解码器根据这一特征复原水下图像；海水类型判别器对编码器输出的隐编码进行分类；编码解码器与判别器通过对抗式竞争学习。该方法将 ℓ_1 范数损失、多尺度结构相似性度量损失及对抗损失相结合，在复原图像时能保留更多细节，并较好地还原颜色和亮度。

本书将所提出的两种方法在具有蓝色、绿色、雾等多种水下场景图像集 U45 中进行主观视觉和客观度量评估。MSPF_ SG 不仅可以将退化的水下图像逆问题求解为相对真实的颜色和自然外观，且复原图像具有更好的对比度和亮度；URM_ AEDN 鲁棒性更好，在 U45 所有水下场景以及 EUVP 真实水下图像数据集中，都能取得令人满意的复原结果，同时在色彩、清晰度以及对比度度量方面比对比方法更有优势。

本书提出显著性引导多尺度先验融合的水下图像逆问题求解方法，更为准确地估计介质透射率；提出对抗编码解码网络的水下图像逆问题求解模型，采用多尺度结构相似度损失与 ℓ_1 损失、对抗损失相结合的损失函数，实现端到端的水下图像逆问题求解。

6.2　后续工作展望

本书对基于深度神经网络的图像逆问题求解技术进行了研究，并取得了一些阶段性成果。但由于作者时间及精力有限，目前尚存在以下待解决的问题：

（1）尽管深度学习模型灵活且功能强大，但从理论角度还难以分析和解释。例如，深度图像先验（Deep Image Prior）及相关方法实现了令人惊讶的结果，它们不需要任何训练数据，但却能在与通过大数据集训练的方法的对比中仍具有竞争优势，目前关于深度图像先验成功的假设是卷积模型偏向平滑信号，但是用于分析这些模型的可靠性理论框架仍有待深入研究。

（2）本书研究的图像逆问题的退化算子是线性前向模型，但在实际应用中不少前向模型是非线性的，基于深度神经网络的非线性逆问题求解是下一阶段的研究任务。

（3）本书目前主要基于深度生成式网络先验（如 GAN）实现全局图像先

验建模并用于图像逆问题求解。由于图像信号流形具有比模型更高的维度、训练过程的模式崩溃、训练数据集本身的偏差等，目前深度生成式先验具有表示错误或偏差的缺陷，为此本书第五章提出了扩展生成式网络范围的图像逆问题求解算法。近来出现的基于流的可逆神经网络可以被训练为具有零表示误差的生成器，这些网络通过架构设计是可逆的，因为其减少了表示误差，有望减轻数据集偏差并提升图像数据分布建模力。将可逆生成式模型作为全局图像先验并用于图像逆问题求解将是下一阶段的工作。

符号定义

x	标量
$\boldsymbol{x}$	向量
$\boldsymbol{X}$	矩阵
$\boldsymbol{X}_j$	矩阵 $\boldsymbol{X}$ 的第 j 个列向量
$\boldsymbol{x}_i$	向量 $\boldsymbol{x}$ 的第 i 个元素
$\mathbb{R}$	实数集合
$\mathbb{R}_+$	正实数集合
$\mathbb{R}^n$	n 维实数向量集合
$\mathbb{P}^n$	$n \times n$ 实对称正定矩阵集合
$\mathbb{E}[.]$	随机变量的期望
$\|\cdot\|$	向量范数
$\dfrac{\partial f(\boldsymbol{x})}{\boldsymbol{x}} = \dfrac{\partial f}{\boldsymbol{x}}$	相对于 $\boldsymbol{x}$ 的向量偏导数
$\nabla f(\boldsymbol{x}) = \dfrac{\partial f}{\partial \boldsymbol{x}}$	函数 $f(\boldsymbol{x})$ 的梯度
$f(\boldsymbol{x}) \propto g(\boldsymbol{x})$	成比例，$\exists a \, \forall x : f(x) = ag(x)$
$p_X(x)$	一维随机变量 X 的概率密度函数
$p_x(\boldsymbol{x})$	多维随机变量 X 的概率密度函数
w. r. t	关于

英文缩略语表

i. i. d.   独立同分布（independent and identically distributed）

AWGN   加性高斯白噪声（Additive White Gaussian Noise）

ADMM   交叉方向乘子法（Alternating Direction Method of Multipliers）

HQS   半二次分裂方法（Half - Quadratic Splitting）

PSF   点扩散函数（Point Spread Function）

MAP   最大后验估计（Maximum A Posteriori）

PSNR   峰值信噪比（Peak Signal - to - Noise Ratio）

SSIM   结构相似性指数度量（Structural Similarity Index Measure）

CS   压缩感知（Compressed Sensing）

SR   超分辨（Super Resolution）

DNN   深度神经网络（Deep Network Net）

CNN   卷积神经网络（Convolutional Neural Networks）

DGN   深度生成式网络（Deep Generative Network）

GAN   生成对抗网络（Generative Adversarial Networks）

VAE   变分自编码器（Variational Auto Encoder）

SRCNN 超分辨卷积神经网络（Super Resolution Convolutional Neural Networks）

DCGAN 深度卷积生成对抗网络（Deep Convolution Generative Adversarial Network）

参考文献

［1］ Lee S. , Park S. J. , Jeon J. M. , et al. Noise removal in medical mammography images using fast non – local means denoising algorithm for early breast cancer detection: A phantom study ［J］. Optik, 2019 (180): 569 – 575.

［2］ Abdel – Nasser M. , Melendez J. , Moreno A. , et al. Breast tumor classification in ultrasound images using texture analysis and super – resolution methods ［J］. Engineering Applications of Artificial Intelligence, 2017 (59): 84 – 92.

［3］ Han J. , Quan R. , Zhang D. , et al. Robust object co – segmentation using background prior ［J］. IEEE Transactions on Image Processing, 2017, 27 (4): 1639 – 1651.

［4］ 许煜, 刘辉, 尚振宏. 基于多种先验的盲图像复原方法 ［J］. 计算机工程与科学, 2019, 41 (8): 1466 – 1473.

［5］ Huynh – Thu Q. , Ghanbari M. Scope of validity of PSNR in image/video quality assessment ［J］. Electronics Letters, 2008, 44 (13): 800 – 801.

［6］ Wang Z. , Bovik A. C. , Sheikh H. R. , et al. Image quality assessment: From error visibility to structural similarity ［J］. IEEE Transactions on Image Processing, 2004, 13 (4): 600 – 612.

［7］ Qu S. , Zhou H. , Liu R. , et al. Deblending of simultaneous – source seismic data using fast iterative shrinkage – thresholding algorithm with firm – thresholding [J] . Acta Geophysica, 2016, 64 (4): 1064 – 1092.

[8] Ochs P. , Brox T. , Pock T. Ipiasco: Inertial proximal algorithm for strongly convex optimization [J] . Journal of Mathematical Imaging and Vision, 2015, 53 (2): 171 – 181.

[9] Selesnick I. Total variation denoising via the Moreau envelope [J] . IEEE Signal Processing Letters, 2017, 24 (2): 216 – 220.

[10] Shen Y. , Liu Q. , Lou S. , et al. Wavelet – based total variation and nonlocal similarity model for image denoising [J] . IEEE Signal Processing Letters, 2017, 24 (6): 877 – 881.

[11] Molina R. , Vega M. , Katsaggelos A. K. . From global to local Bayesian parameter estimation in image restoration using variational distribution approximations [C] . 2007 IEEE International Conference on Image Processing, 2007.

[12] De Oliveira V. , Song J. J. Bayesian analysis of simultaneous autoregressive models [J] . Sankhyā: The Indian Journal of Statistics, 2008, 70 (2): 323 – 350.

[13] Chen J. , Nunez – Yanez J. , Achim A. Video super – resolution using generalized Gaussian Markov random fields [J] . IEEE Signal Processing Letters, 2011, 19 (2): 63 – 66.

[14] Babacan S. D. , Molina R. , Katsaggelos A. K. Parameter estimation in TV image restoration using variational distribution approximation [J] . IEEE Transactions on Image Processing, 2008, 17 (3): 326 – 339.

[15] Chantas G. K. , Galatsanos N. P. , Likas A. C. Bayesian restoration using a new nonstationary edge – preserving image prior [J] . IEEE Transactions on Image Processing, 2006, 15 (10): 2987 – 2997.

[16] Ruiz P., Zhou X., Mateos J., et al. Variational Bayesian blind image deconvolution: A review [J]. Digital Signal Processing, 2015 (47): 116 – 127.

[17] Shi B., Zhi – Feng Pang, Wu J. Alternating split Bregman method for the bilaterally constrained image deblurring problem [J]. Applied Mathematics and Computation, 2015 (250): 402 – 414.

[18] Boyd S., Parikh N., Chu E., et al. Distributed optimization and statistical learning via the alternating direction method of multipliers [J]. Foundations and Trends ® in Machine Learning, 2011, 3 (1): 1 – 122.

[19] Nikolova M., Ng M. K.. Analysis of half – quadratic minimization methods for signal and image recovery [J]. SIAM Journal on Scientific Computing, 2005, 27 (3): 937 – 966.

[20] Jian – Feng Cai, Osher S., Shen Z. Split Bregman methods and frame based image restoration [J]. Multiscale Modeling & Simulation, 2009, 8 (2): 337 – 369.

[21] Beck A., Teboulle M. A fast iterative shrinkage – thresholding algorithm for linear inverse problems [J]. SIAM Journal on Imaging Sciences, 2009, 2 (1): 183 – 202.

[22] 刘鹏飞,肖亮,黄丽丽. 图像方向纹理保持的方向全变差正则化去噪模型及其主优化算法 [J]. 电子学报, 2014, 42 (11): 2205 – 2212.

[23] 谢志鹏. 基于前向后向算子分裂的稀疏信号重构 [J]. 南京大学学报 (自然科学版), 2012, 48 (4): 475 – 481.

[24] Li D., Sun C., Yang J., et al. Robust multi – frame adaptive optics image restoration algorithm using maximum likelihood estimation with poisson statistics [J]. Sensors, 2017, 17 (4): 785.

［25］ Jia J. Single image motion deblurring using transparency ［C］. 2007 IEEE Conference on Computer Vision and Pattern Recognition, 2007: 1 – 8.

［26］ Zhang Y. , Bai X. , Yan J. , et al. A full – reference image quality assessment for multiply distorted image based on visual mutual information ［J］. Journal of Imaging Science and Technology, 2019, 63 (6) .

［27］ Rabbani H. Image denoising in steerable pyramid domain based on a local laplace prior ［J］. Pattern Recognition, 2009, 42 (9): 2181 – 2193.

［28］ Caron J. N. , Namazi N. M. , Rollins C. J. Noniterative blind data restoration by use of an extracted filter function ［J］. Applied Optics, 2002, 41 (32): 6884 – 6889.

［29］ Gupta P. , Moorthy A. K. , Soundararajan R. , et al. Generalized Gaussian scale mixtures: A model for wavelet coefficients of natural images ［J］. Signal Processing: Image Communication, 2018 (66): 87 – 94.

［30］ Wang K. , Xiao L. , Wei Z. Motion blur kernel estimation in steerable gradient domain of decomposed image ［J］. Multidimensional Systems and Signal Processing, 2016, 27 (2): 577 – 596.

［31］ Zoran D. , Weiss Y. From learning models of natural image patches to whole image restoration ［C］. 2011 International Conference on Computer Vision, 2011: 479 – 486.

［32］ Zontak M. , Irani M. Internal statistics of a single natural image ［C］. CVPR 2011, 2011: 977 – 984.

［33］ Kim M. , Han D. K. , Ko H. Joint patch clustering – based dictionary learning for multimodal image Fusion ［J］. Information Fusion, 2016, 27: 198 – 214.

[34] Zhang J. , Zhong P. , Chen Y. , et al. Regularized Deconvolution Network for the Representation and Restoration of Optical Remote Sensing Images [J]. IEEE Transactions on Geoscience and Remote Sensing, 2013, 52 (5): 2617 - 2627.

[35] Zhong P. , Wang R. Jointly learning the hybrid CRF and MLR model for simultaneous denoising and classification of hyperspectral imagery [J] . IEEE Transactions on Neural Networks and Learning Systems, 2014, 25 (7): 1319 - 1334.

[36] Bora A. , Jalal A. , Price E. , et al. Compressed sensing using generative models [C] . Proceedings of the 34th International Conference on Machine Learning, 2017 (70): 537 - 546.

[37] Goodfellow I. , Pouget - Abadie J. , Mirza M. , et al. Generative adversarial nets [C] . Advances in Neural Information Processing Systems, 2014: 2672 - 2680.

[38] Elad M. , Aharon M. Image denoising via sparse and redundant representations over learned dictionaries [J] . IEEE Transactions on Image Processing, 2006, 15 (12): 3736 - 3745.

[39] Heide F. , Heidrich W. , Wetzstein G. Fast and flexible convolutional sparse coding [C] . Proceedings of the IEEE Conference on Computer Vision and Pattern Recognition, 2015: 5135 - 5143.

[40] Wohlberg B. Efficient algorithms for convolutional sparse representations [J] . IEEE Transactions on Image Processing, 2015, 25 (1): 301 - 315.

[41] Roth S. , Black M. J. Fields of experts [J] . International Journal of Computer Vision, 2009, 82 (2): 205.

[42] Yeh R. A. , Lim T. Y. , Chen C. , et al. Image restoration with deep

generative models [C]. 2018 IEEE International Conference on Acoustics, Speech and Signal Processing (ICASSP), 2018: 6772 – 6776.

[43] Schmidt U., Jancsary J., Nowozin S., et al. Cascades of regression tree fields for image restoration [J]. IEEE Transactions on Pattern Analysis and Machine Intelligence, 2015, 38 (4): 677 – 689.

[44] Schmidt U., Roth S. Shrinkage fields for effective image restoration [C]. Proceedings of the IEEE Conference on Computer Vision and Pattern Recognition, 2014: 2774 – 2781.

[45] Chen Y., Yu W., Pock T. On learning optimized reaction diffusion processes for effective image restoration [C]. Proceedings of the IEEE Conference on Computer Vision and Pattern Recognition, 2015: 5261 – 5269.

[46] Mccann M. T., Jin K. H., Unser M. Convolutional neural networks for inverse problems in imaging: A review [J]. IEEE Signal Processing Magazine, 2017, 34 (6): 85 – 95.

[47] Avuçlu E., Başçiftçi F. New approaches to determine age and gender in image processing techniques using multilayer perceptron neural network [J]. Applied Soft Computing, 2018 (70): 157 – 168.

[48] Kim J., Kwon Lee J., Mu Lee K. Deeply – recursive convolutional network for image super – resolution [C]. Proceedings of the IEEE Conference on Computer Vision and Pattern Recognition, 2016: 1637 – 1645.

[49] Burger H. C., Schuler C. J., Harmeling S. Image denoising: Can plain neural networks compete with BM3D? [C]. 2012 IEEE Conference on Computer Vision and Pattern Recognition, 2012: 2392 – 2399.

[50] Schuler C. J., Christopher Burger H., Harmeling S., et al. A machine

learning approach for non – blind image deconvolution ［C］. Proceedings of the IEEE Conference on Computer Vision and Pattern Recognition, 2013: 1067 – 1074.

［51］ Goodfellow I., Bengio Y., Courville A. Deep learning ［M］. Massachusetts: MIT Press, 2016.

［52］ Jain V., Seung S. Natural image denoising with convolutional networks ［C］. Advances in Neural Information Processing Systems, 2009: 769 – 776.

［53］ Eigen D., Krishnan D., Fergus R. Restoring an image taken through a window covered with dirt or rain ［C］. Proceedings of the IEEE International Conference on Computer Vision, 2013: 633 – 640.

［54］ Dong C., Loy C. C., He K., et al. Image super – resolution using deep convolutional networks ［J］. IEEE Transactions on Pattern Analysis and Machine Intelligence, 2015, 38 (2): 295 – 307.

［55］ Kappeler A., Yoo S., Dai Q., et al. Video super – resolution with convolutional neural networks ［J］. IEEE Transactions on Computational Imaging, 2016, 2 (2): 109 – 122.

［56］ Kulkarni K., Lohit S., Turaga P., et al. Reconnet: Non – iterative reconstruction of images from compressively sensed measurements ［C］. Proceedings of the IEEE Conference on Computer Vision and Pattern Recognition, 2016: 449 – 458.

［57］ Nair V., Hinton G. E. Rectified linear units improve restricted boltzmann machines ［C］. Proceedings of the 27th International Conference on Machine Learning (ICML – 10), 2010: 807 – 814.

［58］ He K., Zhang X., Ren S., et al. Delving deep into rectifiers: Surpassing human – level performance on imagenet classification ［C］. Proceedings of the IEEE International Conference on Computer Vision, 2015: 1026 – 1034.

[59] Ioffe S. , Szegedy C. Batch normalization: Accelerating deep network training by reducing internal covariate shift [EB/OL] . https: //arxiv. org.

[60] Sajjadi M. S. , Scholkopf B. , Hirsch M. Enhancenet: Single image super – resolution through automated texture synthesis [C] . Proceedings of the IEEE International Conference on Computer Vision, 2017: 4491 –4500.

[61] Kim J. , Kwon Lee J. , Mu Lee K. Accurate image super – resolution using very deep convolutional networks [C] . Proceedings of the IEEE Conference on Computer Vision and Pattern Recognition, 2016: 1646 – 1654.

[62] Zhang K. , Zuo W. , Chen Y. , et al. Beyond a gaussian denoiser: Residual learning of deep cnn for image denoising [J] . IEEE Transactions on Image Processing, 2017, 26 (7): 3142 –3155.

[63] Ronneberger O. , Fischer P. , Brox T. U – net: Convolutional networks for biomedical image segmentation [C] . International Conference on Medical Image Computing and Computer – Assisted Intervention, 2015: 234 –241.

[64] Zeng K. , Yu J. , Wang R. , et al. Coupled deep autoencoder for single image super – resolution [J] . IEEE Transactions on Cybernetics, 2015, 47 (1): 27 –37.

[65] Xie J. , Xu L. , Chen E. Image denoising and inpainting with deep neural networks [C] . Advances in Neural Information Processing Systems, 2012: 341 –349.

[66] Mousavi A. , Patel A. B. , Baraniuk R. G. A deep learning approach to structured signal recovery [C] . 2015 53rd Annual Allerton Conference on Communication, Control, and Computing (Allerton), 2015: 1336 – 1343.

[67] Johnson J., Alahi A., Fei – Fei L. Perceptual losses for real – time style transfer and super – resolution [C]. European Conference on Computer Vision, 2016: 694 – 711.

[68] Pathak D., Krahenbuhl P., Donahue J., et al. Context encoders: Feature learning by inpainting [C]. Proceedings of the IEEE Conference on Computer Vision and Pattern Recognition, 2016: 2536 – 2544.

[69] Zhang K., Zuo W., Gu S., et al. Learning deep CNN denoiser prior for image restoration [C]. Proceedings of the IEEE Conference on Computer Vision and Pattern Recognition, 2017: 3929 – 3938.

[70] Rick Chang J., Chun – Liang Li, Poczos B., et al. One network to solve them all – solving linear inverse problems using deep projection models [C]. Proceedings of the IEEE International Conference on Computer Vision, 2017: 5888 – 5897.

[71] Ulyanov D., Vedaldi A., Lempitsky V. Deep image prior [C]. Proceedings of the IEEE Conference on Computer Vision and Pattern Recognition, 2018: 9446 – 9454.

[72] Oord A. V. D., Kalchbrenner N., Kavukcuoglu K. Pixel recurrent neural networks [EB/OL]. https: //arxiv. org.

[73] Bauer M., Mnih A. Resampled priors for variational autoencoders [C]. The 22nd International Conference on Artificial Intelligence and Statistics, 2019: 66 – 75.

[74] Kingma D. P., Dhariwal P. Glow: Generative flow with invertible 1×1 convolutions [C]. Advances in Neural Information Processing Systems, 2018: 10215 – 10224.

［75］ Salakhutdinov R. , Hinton G. Deep boltzmann machines ［C］. Artificial Intelligence and Statistics, 2009: 448 – 455.

［76］ Salimans T. , Karpathy A. , Chen X. , et al. Pixelcnn ++ : Improving the pixelcnn with discretized logistic mixture likelihood and other modifications ［EB/OL］. https: //arxiv. org.

［77］ Ledig C. , Theis L. , Huszár F. , et al. Photo – realistic single image super – resolution using a generative adversarial network ［C］. Proceedings of the IEEE Conference on Computer Vision and Pattern Recognition, 2017: 4681 – 4690.

［78］ Yeh R. A. , Chen C. , Yian Lim T. , et al. Semantic image inpainting with deep generative models ［C］. Proceedings of the IEEE Conference on Computer Vision and Pattern Recognition, 2017: 5485 – 5493.

［79］ Yang G. , Yu S. , Dong H. , et al. DAGAN: Deep dealiasing generative adversarial networks for fast compressed sensing MRI reconstruction ［J］. IEEE Transactions on Medical Imaging, 2017, 37 (6): 1310 – 1321.

［80］ Bora A. , Price E. , Dimakis A. G. Ambient GAN: Generative models from lossy measurements ［J］. ICLR, 2018 (2): 5.

［81］ Anirudh R. , Thiagarajan J. J. , Kailkhura B. , et al. An unsupervised approach to solving inverse problems using generative adversarial networks ［EB/OL］. https: //arxiv. org.

［82］ Dhar M. , Grover A. , Ermon S. Modeling sparse deviations for compressed sensing using generative models ［EB/OL］. https: //arxiv. org.

［83］ Creswell A. , Bharath A. A. Inverting the generator of a generative adversarial network ［J］. IEEE Transactions on Neural Networks and Learning Systems, 2018 (28).

[84] Metz L. , Poole B. , Pfau D. , et al. Unrolled Generative Adversarial Networks [EB/OL] . https： //www. arxiv – vanity. com/paper/1611. 02. 163.

[85] Arora S. , Liang Y. , Ma T. Why are deep nets reversible： A simple theory, with implications for training [EB/OL] . https： //arxiv. org.

[86] Shah V. , Hegde C. Solving linear inverse problems using gan priors： An algorithm with provable guarantees [C] . 2018 IEEE International Conference on Acoustics, Speech and Signal Processing (ICASSP), 2018： 4609 – 4613.

[87] Hand P. , Leong O. , Voroninski V. Phase retrieval under a generative prior [C] . Advances in Neural Information Processing Systems, 2018： 9136 – 9146.

[88] Hand P. , Voroninski V. Global guarantees for enforcing deep generative priors by empirical risk [J] . IEEE Transactions on Information Theory, 2019.

[89] Huang W. , Hand P. , Heckel R. , et al. A provably convergent scheme for compressive sensing under random generative priors [EB/OL] . https： //arxiv. org.

[90] Lipton Z. C. , Tripathi S. Precise recovery of latent vectors from generative adversarial networks [EB/OL] . https： //arxiv. org.

[91] Donahue J. , Krähenbühl P. , Darrell T. Adversarial feature learning [EB/OL] . https： //arxiv. org.

[92] Dumoulin V. , Belghazi I. , Poole B. , et al. Adversarially learned inference [EB/OL] . https： //arxiv. org.

[93] Poggio T. , Girosi F. Networks for Approximation and Learning [J] . Proceedings of the IEEE, 1990, 78 (9)： 1481 – 1497.

［94］ Burger M. , Engl H. W. Training neural networks with noisy data as an ill – posed problem ［J］. Advances in Computational Mathematics, 2000, 13 (4): 335 – 354.

［95］ Schölkopf B. , Smola A. J. Learning with kernels: Support vector ［J］. IEEE Transactions on Naural Networks, 2005 (8): 489.

［96］ Aronszajn N. Theory of reproducing kernels ［J］. Transactions of the American Mathematical Society, 1950, 68 (3): 337 – 404.

［97］ Schölkopf B. , Herbrich R. , Smola A. J. A generalized representer theorem ［C］. International Conference on Computational Learning Theory, 2001: 416 – 426.

［98］ Cybenko G. Approximation by superpositions of a sigmoidal function ［J］. Mathematics of Control, Signals and Systems, 1989, 2 (4): 303 – 314.

［99］ Hornik K. , Stinchcombe M. , White H. Multilayer feedforward networks are universal approximators ［J］. Neural Networks, 1989, 2 (5): 359 – 366.

［100］ Glorot X. , Bordes A. , Bengio Y. Deep sparse rectifier neural networks ［C］. Proceedings of the Fourteenth International Conference on Artificial Intelligence and Statistics, 2011: 315 – 323.

［101］ Zeiler M. D. , Ranzato M. , Monga R. , et al. On rectified linear units for speech processing ［C］. 2013 IEEE International Conference on Acoustics, Speech and Signal Processing, 2013: 3517 – 3521.

［102］ Bengio Y. , Simard P. , Frasconi P. Learning long – term dependencies with gradient descent is difficult ［J］. IEEE Transactions on Neural Networks, 1994, 5 (2): 157 – 166.

[103] Leshno M. , Lin V. Y. , Pinkus A. , et al. Multilayer feedforward networks with a nonpolynomial activation function can approximate any function [J]. 1993, 6 (6): 861 –867.

[104] Lecun Y. , Boser B. , Denker J. S. , et al. Backpropagation applied to handwritten zip code recognition [J]. Computer Science, 1989, 1 (4): 541 –551.

[105] Denker J. , Schwartz D. , Wittner B. , et al. Large automatic learning, rule extraction, and generalization [J]. Complex Systems, 1987, 1 (5): 877 –922.

[106] Rumelhart D. E. , Hinton G. E. , Williams R. Learning representations by back – propagating errors [J]. Nature, 1986, 323 (6088): 533 –536.

[107] Zhang R. , Isola P. , Efros A. A. Colorful image colorization [C]. European Conference on Computer Vision, 2016: 649 –666.

[108] Hossain M. Z. , Sohel F. , Shiratuddin M. F. , et al. A comprehensive survey of deep learning for image captioning [J]. ACM Computing Surveys, 2019, 51 (6): 1 –36.

[109] Gatys L. A. , Ecker A. S. , Bethge M. A neural algorithm of artistic style [J]. Computer Science, 2015.

[110] Arridge S. , Maass P. , Öktem O. , et al. Solving inverse problems using data – driven models [J]. Acta Numerica, 2019 (28): 1 –174.

[111] Adler J. , Öktem O. Learned primal – dual reconstruction [J]. IEEE Transactions on Medical Imaging, 2018, 37 (6): 1322 –1332.

[112] Lecun Y. , Bengio Y. , Hinton G. Deep learning [J]. Nature, 2015, 521 (7553): 436 –444.

［113］ Mhaskar H. , Liao Q. , Poggio T. When and why are deep networks better than shallow ones? ［C］. Proceedings of the AAAI Conference on Artificial Intelligence, 2017.

［114］ Srivastava N. , Hinton G. , Krizhevsky A. , et al. Dropout: A simple way to prevent neural networks from overfitting ［J］. Ruslan Salakhutdinov, 2014, 15 (1): 1929 – 1958.

［115］ Angelov P. , Sperduti A. Challenges in deep learning ［C］. ESANN, 2016.

［116］ Elsawy A. , Hazem M. El – Bakry, Loey M. CNN for handwritten ara-bic digits recognition based on LeNet – 5 ［C］. International Conference on Ad-vanced Intelligent Systems and Informatics, 2016: 566 – 575.

［117］ He K. , Zhang X. , Ren S. , et al. Deep residual learning for image recognition ［C］. Proceedings of the IEEE Conference on Computer Vision and Pattern Recognition, 2016: 770 – 778.

［118］ Hinton G. E. , et al. Reducing the dimensionality of data with neural networks ［J］. Science, 2006, 313 (5786): 504 – 507.

［119］ Barrett H. H. , Myers K. J. Foundations of image science ［M］. Hoboken: John Wiley & Sons, 2013.

［120］ Pitas I. Digital image processing algorithms and applications ［M］. John Wiley & Sons, 2000.

［121］ Fessler J. Model – based image reconstruction for MRI ［J］. IEEE Signal Processing Magazine, 2010, 27 (4): 81 – 89.

［122］ Elbakri I. A. , Fessler J. Statistical image reconstruction for polyener-getic X – ray computed tomography ［J］. IEEE Transactions on Medical Imagine,

2002, 21 (2): 89 – 99.

[123] Tikhonov A. N., Goncharsky A., Stepanov V., et al. Numerical methods for the solution of ill – posed problems [M]. Berlin: Springer Science & Business Media, 2013.

[124] Yu G., Sapiro G., Mallat S. Solving inverse problems with piecewise linear estimators: From Gaussian mixture models to structured sparsity [J]. IEEE Transactions on Image Processing, 2011, 21 (5): 2481 – 2499.

[125] Tamir J. I., Ong F., Anand S., et al. Computational MRI with physics – based constraints: Application to multicontrast and quantitative imaging [J]. IEEE Signal Processing Magazine, 2020, 37 (1): 94 – 104.

[126] Lucas A., Iliadis M., Molina R., et al. Using deep neural networks for inverse problems in imaging: Beyond analytical methods [J]. IEEE Signal Processing Magazine, 2018, 35 (1): 20 – 36.

[127] Mousavi A., Baraniuk R. G. Learning to invert: Signal recovery via deep convolutional networks [C]. 2017 IEEE International Conference on Acoustics, Speech and Signal Processing (ICASSP), 2017: 2272 – 2276.

[128] Knoll F., Hammernik K., Zhang C., et al. Deep – learning methods for parallel magnetic resonance imaging reconstruction: A survey of the current approaches, trends, and issues [J]. IEEE Signal Processing Magazine, 2020, 37 (1): 128 – 140.

[129] Chen C., Chen Q., Xu J., et al. Learning to see in the dark [C]. Proceedings of the IEEE Conference on Computer Vision and Pattern Recognition, 2018: 3291 – 3300.

[130] Godard C., Mac Aodha O., Brostow G. J. Unsupervised monocular

depth estimation with left – right consistency [C] . Proceedings of the IEEE Conference on Computer Vision and Pattern Recognition, 2017: 270 – 279.

[131] Liba O. , Murthy K. , Yun – Ta Tsai, et al. Handheld mobile photography in very low light [J] . Computer Science, 2019, 38 (6): 1 – 16.

[132] Barron J. T. , Yun – Ta Tsai. Fast fourier color constancy [C] . Proceedings of the IEEE Conference on Computer Vision and Pattern Recognition, 2017: 886 – 894.

[133] Araya – Polo M. , Jennings J. , Adler A. , et al. Deep – learning tomography [J] . The Leading Edge, 2018, 37 (1): 58 – 66.

[134] Bora A. , Price E. , Dimakis A. G. Ambientgan: Generative models from lossy measurements [C] . International Conference on Learning Representations, 2018.

[135] Jong Chul Ye, Yoseob Han, Eunju Cha. Deep convolutional framelets: A general deep learning framework for inverse problems [J] . Siam Journal on Imagine Sciences, 2018, 11 (2): 991 – 1048.

[136] Yang Y. , Sun J. , Li H. , et al. Deep ADMM – Net for compressive sensing MRI [C] . Proceedings of the 30th International Conference on Neural Information Processing Systems, 2016: 10 – 18.

[137] Ravishankar S. , Chun I. Y. , Fessler J. A. Physics – driven deep training of dictionary – based algorithms for MR image reconstruction [C] . 2017 51st Asilomar Conference on Signals, Systems, and Computers, 2017: 1859 – 1863.

[138] Ravishankar S. , Lahiri A. , Blocker C. , et al. Deep dictionary – transform learning for image reconstruction [C] . 2018 IEEE 15th International Symposium on Biomedical Imaging (ISBI 2018), 2018: 1208 – 1212.

[139] Chun Y. , Fessler J. A. Deep BCD – net using identical encoding – decoding CNN structures for iterative image recovery [C]. 2018 IEEE 13th Image, Video, and Multidimensional Signal Processing Workshop (IVMSP), 2018: 1 – 5.

[140] Aggarwal H. K. , Mani M. P. , Jacob M. MoDL: Model – based deep learning architecture for inverse problems [J]. IEEE Transactions on Medical Imagine, 2018, 38 (2): 394 – 405.

[141] Zhussip M. , Soltanayev S. , Chun S. Y. Training deep learning based image denoisers from undersampled measurements without ground truth and without image prior [C]. Proceedings of the IEEE/CVF Conference on Computer Vision and Pattern Recognition, 2019: 10255 – 10264.

[142] Venkatakrishnan S. V. , Bouman C. A. , Wohlberg B. Plug – and – play priors for model based reconstruction [C]. 2013 IEEE Global Conference on Signal and Information Processing, 2013: 945 – 948.

[143] Meinhardt T. , Moller M. , Hazirbas C. , et al. Learning proximal operators: Using denoising networks for regularizing inverse imaging problems [C]. Proceedings of the IEEE International Conference on Computer Vision, 2017: 1781 – 1790.

[144] Jalali S. , Yuan X. Solving linear inverse problems using generative models [C]. 2019 IEEE International Symposium on Information Theory (ISIT), 2019: 512 – 516.

[145] Aubin B. , Loureiro B. , Baker A. , et al. Exact asymptotics for phase retrieval and compressed sensing with random generative priors [C]. Mathematical and Scientific Machine Learning, 2020: 55 – 73.

[146] Hand P. , Voroninski V. Global guarantees for enforcing deep genera-

tive priors by empirical risk [C]. Conference on Learning Theory, 2018: 970 – 978.

[147] Daras G., Odena A., Zhang H., et al. Your local GAN: Designing two dimensional local attention mechanisms for generative models [C]. Proceedings of the IEEE/CVF Conference on Computer Vision and Pattern Recognition, 2020: 14531 – 14539.

[148] Jun – Yan Zhu, Park T., Isola P., et al. Unpaired image – to – image translation using cycle – consistent adversarial networks [C]. Proceedings of the IEEE International Conference on Computer Vision, 2017: 2223 – 2232.

[149] Armanious K., Jiang C., Abdulatif S., et al. Unsupervised medical image translation using Cycle – MedGAN [C]. 2019 27th European Signal Processing Conference (EUSIPCO), 2019: 1 – 5.

[150] Kupyn O., Budzan V., Mykhailych M., et al. Deblurgan: Blind motion deblurring using conditional adversarial networks [C]. Proceedings of the IEEE Conference on Computer Vision and Pattern Recognition, 2018: 8183 – 8192.

[151] Pajot A., De Bezenac E., Gallinari P. Unsupervised adversarial image reconstruction [C]. International Conference on Learning Representations, 2018.

[152] Devore R. A., Lorentz G. G. Constructive approximation [M]. Berlin: Springer Science & Business Media, 1993.

[153] Ricceri B., Simons S. Minimax theory and applications [M]. Berlin: Springer Science & Business Media, 2013.

[154] Nayak R., Monalisa S., Patra D. Spatial super resolution based image reconstruction using HIBP [C]. 2013 Annual IEEE India Conference (INDICON), 2013: 1 – 6.

[155] Efrat N. , Glasner D. , Apartsin A. , et al. Accurate blur models vs. image priors in single image super – resolution [C] . Proceedings of the IEEE International Conference on Computer Vision, 2013: 2832 – 2839.

[156] Chih – Yuan Yang, Ma C. , Ming – Hsuan Yang. Single – image super – resolution: A benchmark [C] . European Conference on Computer Vision, 2014: 372 – 386.

[157] Allebach J. , Wong P. W. Edge – directed interpolation [C] . Proceedings of 3rd IEEE International Conference on Image Processing, 1996: 707 – 710.

[158] Sun J. , Xu Z. , Heung – Yeung Shum. Image super – resolution using gradient profile prior [C] . 2008 IEEE Conference on Computer Vision and Pattern Recognition, 2008: 1 – 8.

[159] Cui Z. , Chang H. , Shan S. , et al. Deep network cascade for image super – resolution [C] . European Conference on Computer Vision, 2014: 49 – 64.

[160] Hradiš M. , Kotera J. , Zemcık P. , et al. Convolutional neural networks for direct text deblurring [C] . Proceedings of BMVC, 2015.

[161] Schulter S. , Leistner C. , Bischof H. Fast and accurate image upscaling with super – resolution forests [C] . Proceedings of the IEEE Conference on Computer Vision and Pattern Recognition, 2015: 3791 – 3799.

[162] Timofte R. , De Smet V. , Van Gool L. A + : Adjusted anchored neighborhood regression for fast super – resolution [C] . Asian Conference on Computer Vision, 2014: 111 – 126.

[163] Zeyde R. , Elad M. , Protter M. On single image scale – up using sparse – representations [C] . International Conference on Curves and Surfaces,

2010: 711 - 730.

［164］ Timofte R. , De Smet V. , Van Gool L. Anchored neighborhood regression for fast example – based super – resolution ［C］. Proceedings of the IEEE International Conference on Computer Vision, 2013: 1920 - 1927.

［165］ Yang J. , Wright J. , Huang T. , et al. Image super – resolution as sparse representation of raw image patches ［C］. 2008 IEEE Conference on Computer Vision and Pattern Recognition, 2008: 1 - 8.

［166］ Ebrahimi M. , Vrscay E. R. Solving the inverse problem of image zooming using "self – examples" ［C］. International Conference Image Analysis and Recognition, 2007: 117 - 130.

［167］ Chih – Yuan Yang, Jia – Bin Huang, Ming – Hsuan Yang. Exploiting self – similarities for single frame super – resolution ［C］. Asian Conference on Computer Vision, 2010: 497 - 510.

［168］ Li Z. , Yang J. , Liu Z. , et al. Feedback network for image super – resolution ［C］. Proceedings of the IEEE/CVF Conference on Computer Vision and Pattern Recognition, 2019: 3867 - 3876.

［169］ Svoboda P. , Hradiš M. , Maršík L. , et al. CNN for license plate motion deblurring ［C］. 2016 IEEE International Conference on Image Processing (ICIP), 2016: 3832 - 3836.

［170］ Shi W. , Caballero J. , Huszár F. , et al. Real – time single image and video super – resolution using an efficient sub – pixel convolutional neural network ［C］. Proceedings of the IEEE Conference on Computer Vision and Pattern Recognition, 2016: 1874 - 1883.

［171］ Wang Z. , Liu D. , Yang J. , et al. Deep networks for image super – resolution with sparse prior [C]. Proceedings of the IEEE International Conference on Computer Vision, 2015: 370 – 378.

[172] Dong C., Loy C. C., Tang X. Accelerating the super – resolution convolutional neural network [C]. European Conference on Computer Vision, 2016: 391 – 407.

[173] Kim J., Lee J. K., Lee K. M. Deeply – recursive convolutional network for image super – resolution [C]. Proceedings of the IEEE Conference on Computer Vision and Pattern Recognition, 2016: 1637 – 1645.

[174] Lim B., Son S., Kim H., et al. Enhanced deep residual networks for single image super – resolution [C]. Proceedings of the IEEE Conference on Computer Vision and Pattern Recognition Workshops, 2017: 136 – 144.

[175] Zhang K., Zuo W., Zhang L. Learning a single convolutional super – resolution network for multiple degradations [C]. Proceedings of the IEEE Conference on Computer Vision and Pattern Recognition, 2018: 3262 – 3271.

[176] Gu J., Lu H., Zuo W., et al. Blind super – resolution with iterative kernel correction [C]. Proceedings of the IEEE/CVF Conference on Computer Vision and Pattern Recognition, 2019: 1604 – 1613.

[177] Deng J., Dong W., Socher R., et al. Imagenet: A large – scale hierarchical image database [C]. 2009 IEEE Conference on Computer Vision and Pattern Recognition, 2009: 248 – 255.

[178] Wei – Sheng Lai, et al. Deep laplacian pyramid networks for fast and accurate super – resolution [C]. Proceedings of the IEEE Conference on Computer Vision and Pattern Recognition, 2017: 624 – 632.

[179] Agustsson E., Timofte R. Ntire 2017 challenge on single image super –

resolution: Dataset and study [C]. Proceedings of the IEEE Conference on Computer Vision and Pattern Recognition Workshops, 2017: 126 – 135.

[180] Noh H., Hong S., Han B. Learning deconvolution network for semantic segmentation [C]. Proceedings of the IEEE International Conference on Computer Vision, 2015: 1520 – 1528.

[181] Soltanolkotabi M. Learning relus via gradient descent [C]. Advances in Neural Information Processing Systems, 2017: 2007 – 2017.

[182] Jain P., Kar P. Non – convex optimization for machine learning [J]. Foundations and Trends ⑧ in Machine Learning, 2017, 10 (3 – 4): 142 – 336.

[183] Lecun Y., Bottou L., Bengio Y., et al. Gradient – based learning applied to document recognition [J]. Proceedings of the IEEE, 1998, 86 (11): 2278 – 2324.

[184] Liu Z., Luo P., Wang X., et al. Deep learning face attributes in the wild [C]. Proceedings of the IEEE International Conference on Computer Vision, 2015: 3730 – 3738.

[185] Plan Y., Vershynin R. The generalized lasso with non – linear observations [J]. IEEE Transactions on Information Theory, 2016, 62 (3): 1528 – 1537.

[186] Boracchi G., Foi A. Modeling the performance of image restoration from motion blur [J]. IEEE Transactions on Image Processing, 2012, 21 (8): 3502 – 3517.

[187] Hradiš M., Kotera J., Zemcık P., et al. Convolutional neural networks for direct text deblurring [C]. Proceedings of BMVC, 2015: 2.

[188] Anger J., Facciolo G., Delbracio M. Blind image deblurring using the

10 gradient prior [J]. Image Processing on Line, 2019 (9): 124 – 142.

[189] 郭继昌, 李重仪, 郭春乐, 等. 水下图像增强和复原方法研究进展 [J]. 中国图象图形学报, 2017, 22 (3): 273 – 287.

[190] Lim S. H., Isa N., Ooi C. H., et al. A new histogram equalization method for digital image enhancement and brightness preservation [J]. Signal, Image and Video Processing, 2015, 9 (3): 675 – 689.

[191] Buchsbaum G. A spatial processor model for object colour perception [J]. Journal of the Franklin Institute, 1980, 310 (1): 1 – 26.

[192] Pizer S. M., Johnston R. E., Ericksen J. P., et al. Contrast – limited adaptive histogram equalization: Speed and effectiveness [C]. Proceedings of the First Conference on Visualization in Biomedical Computing, 1990: 337 – 345.

[193] Jobson D. J., Rahman Z – U., Woodell G. A. A multiscale retinex for bridging the gap between color images and the human observation of scenes [J]. IEEE Transactions on Image Processing, 1997, 6 (7): 965 – 976.

[194] 田立坤, 刘晓宏, 李洁, 等. 自适应自动白平衡算法的改进与实现 [J]. 电光与控制, 2013, 20 (12): 37 – 41.

[195] Van De Weijer J., Gevers T., Gijsenij A. Edge – based color constancy [J]. IEEE Transactions on Image Processing, 2007, 16 (9): 2207 – 2214.

[196] Singh G., Jaggi N., Vasamsetti S., et al. Underwater image/video enhancement using wavelet based color correction (WBCC) method [C]. 2015 IEEE Underwater Technology (UT), 2015: 1 – 5.

[197] He K., Sun J., Tang X. Single image haze removal using dark channel prior [J]. IEEE Transactions on Pattern Analysis and Machine Intelligence,

2010, 33 (12): 2341 – 2353.

[198] Chiang J. Y. , Ying – Ching Chen. Underwater image enhancement by wavelength compensation and dehazing [J] . IEEE Transactions on Image Processing, 2011, 21 (4): 1756 – 1769.

[199] Drews P. , Nascimento E. , Moraes F. , et al. Transmission estimation in underwater single images [C] . Proceedings of the IEEE International Conference on Computer Vision Workshops, 2013: 825 – 830.

[200] Galdran A. , Pardo D. , Picón A. , et al. Automatic red – channel underwater image restoration [J] . Journal of Visual Communication and Image Representation, 2015, 26: 132 – 145.

[201] Carlevaris – Bianco N. , Mohan A. , Eustice R. M. Initial results in underwater single image dehazing [C] . OCEANS 2010 MTS/IEEE SEATTLE, 2010: 1 – 8.

[202] Wang N. , Zheng H. , Zheng B. Underwater image restoration via maximum attenuation identification [J] . IEEE Access, 2017, 5: 18941 – 18952.

[203] Yan – Tsung Peng, Cosman P. C. Underwater image restoration based on image blurriness and light absorption [J] . IEEE Transactions on Image Processing, 2017, 26 (4): 1579 – 1594.

[204] Wang Y. , Liu H. , Lap – Pui Chau. Single underwater image restoration using adaptive attenuation – curve prior [J] . IEEE Transactions on Circuits and Systems I: Regular Papers, 2017, 65 (3): 992 – 1002.

[205] Cai B. , Xu X. , Jia K. , et al. Dehazenet: An end – to – end system for single image haze removal [J] . IEEE Transactions on Image Processing, 2016, 25 (11): 5187 – 5198.

[206] Li J. , Skinner K. A. , Eustice R. M. , et al. WaterGAN: Unsupervised generative network to enable real – time color correction of monocular underwater images [J] . IEEE Robotics and Automation Letters, 2017, 3 (1): 387 – 394.

[207] Hou M. , Liu R. , Fan X. , et al. Joint residual learning for underwater image enhancement [C] . 2018 25th IEEE International Conference on Image Processing (ICIP), 2018: 4043 – 4047.

[208] Jaffe J. S. Computer modeling and the design of optimal underwater imaging systems [J] . IEEE Journal of Oceanic Engineering, 1990, 15 (2): 101 – 111.

[209] Mcglamery B. A computer model for underwater camera systems [C]. Ocean Optics Ⅵ, 1980: 221 – 231.

[210] Gao S. , Han W. , Yang K. , et al. Efficient color constancy with local surface reflectance statistics [C] . European Conference on Computer Vision, 2014: 158 – 173.

[211] Zhu Q. , Mai J. , Shao L. A fast single image haze removal algorithm using color attenuation prior [J] . IEEE Transactions on Image Processing, 2015, 24 (11): 3522 – 3533.

[212] Drews P. L. , Nascimento E. R. , Botelho S. S. , et al. Underwater depth estimation and image restoration based on single images [J] . IEEE Computer Graphics and Applications, 2016, 36 (2): 24 – 35.

[213] Achanta R. , Hemami S. , Estrada F. , et al. Frequency – tuned salient region detection [C] . IEEE International Conference on Computer Vision and Pattern Recognition (CVPR 2009), 2009: 1597 – 1604.

[214] He K. , Sun J. , Tang X. Guided image filtering [J] . IEEE Transac-

tions on Pattern Analysis and Machine Intelligence, 2012, 35 (6): 1397 – 1409.

[215] Li C., Guo J., Guo C. Emerging from water: Underwater image color correction based on weakly supervised color transfer [J]. IEEE Signal Processing Letters, 2018, 25 (3): 323 – 327.

[216] Fabbri C., Islam M. J., Sattar J. Enhancing underwater imagery using generative adversarial networks [C]. 2018 IEEE International Conference on Robotics and Automation (ICRA), 2018: 7159 – 7165.

[217] Silberman N., Hoiem D., Kohli P., et al. Indoor segmentation and support inference from RGBD images [C]. European Conference on Computer Vision, 2012: 746 – 760.

[218] Zhao H., Gallo O., Frosio I., et al. Loss Functions for Image Restoration with Neural Networks [J]. IEEE Transactions on Computational Imaging, 2017, 3 (1): 47 – 57.

[219] Ancuti C., Ancuti C. O., Haber T., et al. Enhancing underwater images and videos by fusion [C]. 2012 IEEE Conference on Computer Vision and Pattern Recognition, 2012: 81 – 88.

[220] Fu X., Zhuang P., Huang Y., et al. A retinex – based enhancing approach for single underwater image [C]. 2014 IEEE International Conference on Image Processing (ICIP), 2014: 4572 – 4576.

[221] Panetta K., Gao C., Agaian S. Human – visual – system – inspired underwater image quality measures [J]. IEEE Journal of Oceanic Engineering, 2015, 41 (3): 541 – 551.